图书在版编目（CIP）数据

创意生活情趣168 / （法）施密特（Schmitt, F.）主
编；秦庆林译. -- 北京：中国摄影出版社，2013.1
ISBN 978-7-80236-831-6

Ⅰ．①创… Ⅱ．①施… ②秦… Ⅲ．①手工艺品－制
作 Ⅳ．①TS973.5

中国版本图书馆CIP数据核字(2012)第243863号

————————————————————————————————————

北京市版权局著作权合同登记章图字：01-2011-4097

© Fleurus Editions, Paris-2007
Original Title:Plus de 150 idées.(minute)

书　　名：创意生活情趣168
主　　编：[法]弗兰克·施密特(Franck Schmitt)
译　　者：秦庆林
选题策划：赵迎新
责任编辑：杨小华
封面设计：衣　钊
出　　版：中国摄影出版社
　　　　　地址：北京市东城区东四十二条48号　邮编：100007
　　　　　发行部：010-65136125 65280977
　　　　　网址：www.cpphbook.com
　　　　　邮箱：office@cpphbook.com
印　　刷：北京方嘉彩色印刷有限公司
开　　本：16开
印　　张：20
字　　数：150千字
版　　次：2013年1月第1版
印　　次：2013年1月第1次印刷
ＩＳＢＮ 978-7-80236-831-6
定　　价：68.00元

创意生活情趣

[法]弗兰克·施密特　主编

秦庆林　译

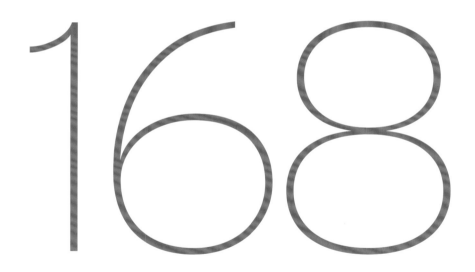

中国摄影出版社

目　录

目　录

21

白色心动篇

· 惊喜鸡蛋 ·

- · 棉纱布(15×30厘米)
- · 羽毛饰带35厘米
- · 白线
- · 针

　　将棉纱对折，在上面画出一个钟形罩的轮廓。沿轮廓线裁下两层棉纱,留出0.5厘米的边，把重叠的两层纱缝在一块儿。把钟形罩翻过来。剪一段2厘米的羽毛饰带，将其缝在钟罩顶端，剩余的饰带缝在底部。最后将钟形罩置于煮好的溏心鸡蛋上面。

· 轻盈丝带 ·

· 50厘米长、1厘米宽的白色棉质饰带
· 灰白色、透明色、彩虹色和乳白色的管状和岩石状珠子
· 白色缝衣线

　　从距离棉质饰带一端的20厘米处开始，将不同类型的珠子等距离交替缝在饰带上。然后，只要把做好的手链戴在手腕上绕两圈，打个蝴蝶结即可。

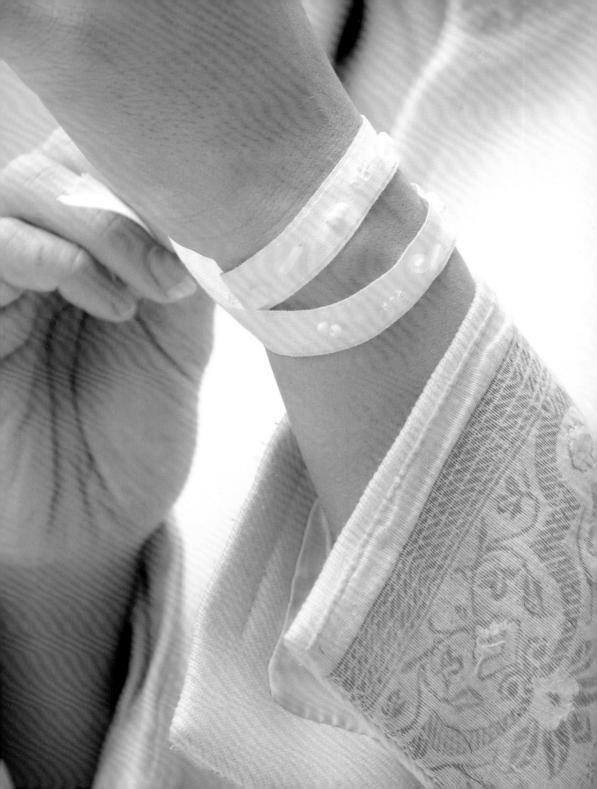

· 优雅花样 ·

- · 长方形木板(规格约30×35厘米，厚2厘米)
- · 图案为叶子形的图章
- · 金色印泥
- · 白色丙烯酸涂料
- · 亚光漆
- · 配10毫米的电钻
- · 窄锯
- · 砂纸
- · 刷子

　　将一张纸对折，在上面画出半颗心的形状并剪下来，打开后得到一个完整的心形。然后把这个心形描摹在木板中央。用两个弓形夹将木板固定在工作台上，先用电钻在心形中间开一个孔，再用窄锯锯出心形。然后用砂纸将木板棱角打磨圆滑。用适量水稀释涂料，刷在木板和木板侧面，晾干。将叶子形图章蘸上金色印泥印在木板上。晾干后，再刷上一层亚光漆。

· 褶饰男士衬衣 ·

· 男士衬衣
· 松紧带
· 纽扣

　　把衬衣袖子裁掉一截。穿上衬衣，在胸部下方别一枚别针。以此为起始标记，把松紧带绕着衬衣一周用溜针缝在衬衣上，打出想要的褶子效果。在往下7厘米和14厘米处进行相似处理，衬托出身材。裁掉衬衣下摆到想要的高度。用三根松紧带以同样方式在袖子上打出三行褶子，中间一行位于肘部，上下各一。最后用裁下的衬衣料剪一些宽度不等的布条，折成花冠状再叠放在一起，做一朵装饰花，在中心缝一颗纽扣，把它固定在衬衣上。

·紧身灯罩·

- · 圆筒形灯罩
- · 宽花边
- · 细缎带
- · 粗棒针
- · 适用于织物的胶水

　　用花边环绕灯罩四分之三的高度，在花边上涂些胶水，把它固定在灯罩上，留出底部四分之一。在花边接缝处，剪一个约3厘米宽的开口，注意要顺着花边纹路剪裁。

　　将超出灯罩上缘的花边剪掉。把细缎带截为两段，将每段缎带的一头粘在灯罩上缘的花边下面。用棒针将缎带穿过花边孔，交叉三次系紧，最后系一个蝴蝶结。

· 精致香水瓶 ·

　　挑选一个仿古风格的香水瓶。裁剪一条足够宽的花边饰带，长度超过瓶子周长。除镂空部分外整个饰带都涂上胶水，然后把瓶子置于饰带之上，使劲压紧。紧拉饰带绕瓶身一周，裁掉两端多出部分（可以重叠1-2厘米），再叠粘在一起。最后在瓶身另一面花边饰带的中央位置,垂直粘上3颗珍珠纽扣。

用一块涂有胶水的浅色厚亚麻布（刺绣用布）紧紧包住一个宽口直玻璃杯（如威士忌杯）。粘好两头。齐杯口和杯底裁掉长出的麻布。用厚花边剪出一些图案粘在亚麻布上，图案略高过杯口，以便遮住接缝。

· 朦胧之光 ·

· 露珠戒指 ·

· 1枚带连接件的戒指
· 1个圆形栅格板
· 透明尼龙线
· 约30颗白色透明且呈彩虹状的水滴形珍珠
· 钳子

在尼龙线的一端打个死结，把另一端穿进圆形栅格板，穿上一颗珠子后从相同的格子穿回。再将线穿入旁边的格子，穿上第二颗珠子。依此类推，把最后一颗珠子安排到栅格板的中间位置。完成之后，在栅格板下方将线打死结系紧。然后，把做好的装饰物借助连接件固定在戒指环上。

·稀世珍宝·

　　在"露珠戒指"制作方法的基础上，将珠子替换为乳白色、透明色和淡粉色三种颜色的珠子，你就能做出十分优雅精致的戒指。

你可以随意改变戒指的样式和制作成本，比如可用更简单的圆形透明珠代替水滴形珍珠，也可以获得不错的效果。

·晶莹水珠·

·海上组曲·

- ·镶有镜子的天然木框
- ·白色小石子
- ·适用于木制材料的丙烯酸白漆
- ·氯丁二烯乳胶
- ·刷子

　　沿木框纹理涂一层白漆，尽量避免弄花木框。别忘了涂内外侧边。放置晾干。视晾干后的效果决定是否需要涂第二遍漆。如果小石子不够光洁，只需用热水冲洗然后晾干即可。最后再用胶把小石子粘在已着色的木框上。

· 白色梦幻 ·

- · 白色亮光小石珠
- · 白色亚光小石珠
- · 尼龙线
- · 黄铜线
- · 2个端钮盖
- · 压珠
- · 1个环状复古扣环
- · 钳子

用尼龙线穿3串亮光小石珠，每串长约40厘米（可以借助穿珠机，一次穿入多颗珠子）。把3串珠串用两个端钮盖从两端连在一起。用钳子将项链扣环的环圈打开，把3串珠串的两端固定在扣环上。在一段长50厘米的黄铜线上穿入亚光小石珠，两端分别用一颗压珠锁住。把珠串缠绕在一支圆珠笔上，成弹簧状。最后把已做好的项链穿过螺旋形珠串，使珠串处于项链中部。

· 优雅瓶套 ·

- · 1块边长30厘米的方形薄纱
- · 1颗大的心形珍珠纽扣
- · 4颗小的方形珍珠纽扣
- · 双面胶
- · 适用于纺织品的胶水

　　根据瓶子大小调整薄纱的位置，在上部、下部及两边各留出2厘米。用薄纱包住酒瓶，多余的部分向内折整齐。在薄纱一边粘上双面胶，把两边粘在一起，压结实。最后，把所有珍珠纽扣粘在或者缝在包住酒瓶的薄纱上。

· 光立方 ·

　　裁一块长40厘米、宽10厘米的棉质细布。沿长边对折两次，得到四个等面积的正方形。然后沿折痕缝出正方形间的三个棱边，再把最后一边缝合，从而得到一个正方体灯罩。在灯罩上部整齐地缝一些闪光片，做一条装饰带。

· 花盆三重奏 ·

　　将三只有细条纹的小罐头盒洗净，擦干，喷上一层白色油漆，晾干。

· 米粒烛盘 ·

　　在一只小玻璃杯或玻璃制的小干酪蛋糕模子口部缠一圈白色饰带，用胶水或双面胶固定。杯中装满米。插上细蜡烛即可。

· 盐粒烛盘 ·

　　往一只小玻璃杯中倒入适量纯白粗盐，插上蜡烛即可。

· 珍珠相框 ·

· 实木相框
· 大的珍珠纽扣
· 白色鞋油
· 膏状氯丁橡胶粘剂
· 薄抹布

　　先用抹布在木相框四周均匀地涂一层鞋油，让其干透后用抹布擦拭一遍。然后再将纽扣均匀地摆在相框四边。并在每颗纽扣背面涂点胶，将其固定。静置晾干即可。

·家用茶袋·

- ·白色纱布
- ·缝衣针、细麻线
- ·米色硬纸板
- ·白色记号笔
- ·剪刀
- ·花草茶（如椴树花茶和薄荷茶）

　　将纱布剪成长16厘米、宽7厘米的矩形。沿长边对折。在边缘1厘米处将两侧边缝合。装进花草茶，然后缝上袋口。将袋子两侧和上端的边缘剪成锯齿形。将纸板剪成边长4厘米的正方形，用白色记号笔在上面画点小图案。将画好的纸板用细麻线缝在小袋上即可。

· 雪纱罐 ·

· 透明罐子
· 塔拉丹布（15×25 厘米）
· 白纸
· 双面胶
· 心形打孔机

　　在白纸上贴几条双面胶带。用打孔机在贴胶带的位置打出30个左右的心形。将心形纸片贴在罐子外壁。按罐子的大小裁剪塔拉丹布，上下左右多留出1-2厘米。为使边缘整齐，将余出来的布折到罐内，并用双面胶粘牢。

21

· 石头记 ·

· 鹅卵石
· 刷字板
· 白色丙烯涂料
· 刷字板专用刷

　　将鹅卵石洗净，晾干。用刷字板把自己的心声涂写在石头上。不要太过着急，等一个字母的涂料干透后，才能再涂写下一个字母。

41

清新自然篇

·"非常"白花·

· 原木框架
· 白色纸花
· 用于木制家具的白色透明清漆
· 玻璃胶喷枪
· 刷子

　　给木质框架内外上一层光滑的透明清漆，晾干。根据想要的效果决定是否再涂一层。然后，等距离把白花装在木框上，并用热胶固定。

23

· 阳光蝴蝶 ·

· 皱面纸

· 彩纸

· 两段20厘米长铁丝

· 骨钳

· 强力胶

· 直径5毫米的彩色玻璃珠

裁一张长9厘米、宽7厘米的长方形皱面纸，沿着宽边反复折叠，斜着剪掉两头。把折好的纸对折。剪两个翅膀，每个翅膀对折一下。把铁丝弯成长度相等的两股，绞6厘米长，留一个直径1厘米的环。把折纸、翅膀和珠子相继穿在铁丝上，分别滴上胶水将其固定，再把剩下的铁丝弯成天线的形状，一只栩栩如生的蝴蝶便诞生了。

· 纸蝉 ·

把铁丝弯成两股。从皱面纸上剪下两个边长10厘米的正方形，对折。分别缠在两股铁丝上，边缠边用万能胶黏合，铁丝两端各留出2厘米。剪一张宽6厘米、长10厘米的长方形纸，对折，缠在两根纸棒上，并用胶水黏合。

另从一张颜色稍浅的皱面纸上裁一个边长4厘米的正方形。在中间轻折一下，然后粘在躯干上。用剪刀剪出翅膀的形状。把剩下的铁丝弯成天线状。最后把另一头的铁丝绞在一起，尾部形成一个直径1厘米的环。

将铁丝弯成两段，两头各留出6厘米后拧成麻花状，尾部形成一个直径1厘米大小的圆环。然后将长8厘米,宽分别为4.5厘米、3.7厘米、2.5厘米、2厘米的糙纸带依次呈阶梯状缠在铁丝上并用胶水固定。穿上一颗珠子，粘好，把铁丝的顶端拧成天线状；用纸剪两对翅膀粘在躯干上，蜻蜓就可以飞了。

·纸蜻蜓·

·自然一隅·

- 木质书报匣
- 植物插图（从旧辞典里选取）
- 胶棒

复印动、植物黑白插图，可根据设计缩放。预留一些圆形图样装饰书报匣上的小孔。剪下这些插图粘在木匣上，最后把复印的标签（参见第308页图）粘在相应位置。

·校园民谣·

- 木框
- 方格作业本
- 4把与相框长宽合适的新毛刷
- 素描夹
- 图钉
- 铝纸
- 亚光无色清漆
- 氯丁二烯胶
- 胶棒
- 伸缩切割刀
- 毛笔

把方格纸涂胶并粘在木框边框上，包括边角处都粘严实。用伸缩切割刀把相框背面多余的部分剪去。涂上一层清漆保护纸层，晾干。将4把毛刷如图所示排列在相框四周，并用氯丁二烯胶固定，晾干。把铝纸贴在图钉上，并用胶棒粘合。用图钉把素描夹钉在相框上。

· 餐巾的"珍珠手镯" ·

· 0.8毫米粗铁丝
· 细铁丝
· 搭配的石珠和棱面珠（白色、透明色及珍珠白）
· 钳子

　　粗细铁丝各切40厘米。在粗铁丝一端弯一个圈，与细铁丝的一端拧在一起。穿入一颗珠子，把细铁丝缠到粗铁丝上面；再穿两颗珠子，继续缠绕；也可连续穿上10多颗小珠子（或一颗更大的珠子），固定好后再和粗铁丝缠到一块。重复这一操作，直至把细铁丝末端拧在粗铁丝另一头的圆圈上。把铁丝弯三四圈呈螺旋状，就可以用来装饰餐巾和烛台等东西了。

·百叶窗帘扣·

· 1对窗帘
· 4颗木质大纽扣
· 粗、细绳各1米
· 针

　　将粗绳对折剪成两段，分别将两根绳的端口重叠3厘米，用针线将重叠处缝合，再在绳中间用细绳缠绕4圈，形成"8"字环并遮盖缝合口。然后，打一个结。把"8"字环横在两面窗帘上，两端各用一颗纽扣压住，再把纽扣用细线缝在窗帘相应位置。另两颗纽扣如法炮制，4颗纽扣呈正方形排列。只要把纽扣跟"8"字环扣在一起，窗帘就拉上了。

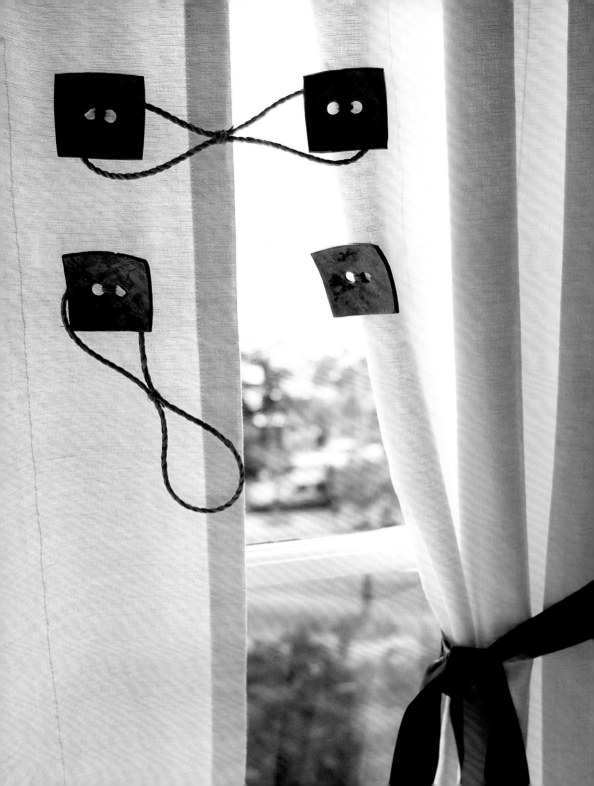

·心型香囊·

· 白色麻布（或者传统的绣花布）
· 饰带
· 合成纤维
· 干薰衣草
· 缝纫用针线

从细麻布上剪下两个"心"形（参见第308页图样），合在一起缝上。把饰带从心形"肩部"整个塞进囊中，两端稍微露在外面一点。在距边缘0.5厘米处缝一圈，把饰带一起缝上，旁边留一个3厘米长的开口。把"心"翻过来，熨烫一下，然后填满合成纤维和薰衣草。最后用无缝起针法把开口缝上。

31

· 木质相框
· 皮边角料
· 咖啡豆
· 氯丁二烯乳胶
· 桃花心木色清漆和刷子（任选）

擦拭木框使其露出木头的纹理，如果颜色过于鲜亮，就喷上一两层清漆，使它的颜色变暗。在皮革的正反面勾勒出各种图案，并将图案仔细剪下来。把这些图案对称地排列在木框上，用胶水加以固定。最后把咖啡豆粘在皮面上。

· 沙滩印象 ·

- · 原木带玻璃镜框
- · 数只贝壳或干海星
- · 白色或灰蓝色的涂料
- · 无色清漆
- · 热熔胶枪
- · 2把毛刷

　　用适量水稀释一些涂料，顺着木头的纹理给镜框涂上一层，注意里里外外都要涂到位。待干透后再涂一层无色清漆。最后用贝壳或海星在镜框上摆出想要的造型，并用热胶固定即可。

·亚麻花绸手袋·

· 麻布
· 浅底花绸布
· 花边饰带（长约35厘米）
· 纹理匹配的粗饰带（长约35厘米）

　　从每种布上各剪下两个35×25厘米的矩形。将花边和饰带缝在其中一块亚麻布正面，将两块亚麻布正面相对缝合在一起。两边和底部缝死。花绸布也要如此剪裁，不过缝合时只缝死两边，底部敞着。剪下4条3×40厘米的麻布带，两两相对缝在一起做成两条手柄。将亚麻布袋翻过来正面朝外，花绸布袋则保持里面朝外。用熨斗熨平。将麻布袋放进花绸布袋内，使其正面相对。把手柄塞进两个手袋之间，调整好位置使其左右对称。在离袋口1厘米处缝合，将手柄一并缝死。将手袋翻过来。把花绸布里子塞进手袋之前，缝合底边，一只手袋就大功告成了。

·旧报纸与彩画·

- ·中文报纸
- ·彩色画片
- ·亚光清漆
- ·剪刀
- ·胶棒
- ·刷子

　　用报纸裁一些纸带，在背面涂上胶并——粘在相框上，多出的部分折到相框背面压平，把相框包裹严实。从彩色画片上细心剪些图案，背面涂上胶粘在相框下边。再涂上一两层清漆便可以更好地保护整体的粘贴效果。

· 花边相框三联屏 ·

将木质三联相框涂上一层清漆并晾干，
再在框架四边对称地粘贴一些花边饰带、斜
纹棉布带和花边边角料。

36

把相框用牛皮纸包裹严实，然后把宽度不一的米色和褐色饰带由宽到窄纵横交叉粘贴在相框四边(如图所示)。

· 低调优雅 ·

雏菊桌布

- 边长150厘米的正方形亚麻桌布
- 纺织品专用的白色膨胀漆
- 粉笔
- 金属卷尺

　　将桌布对折两次，标出中心点。铺开。围绕中心点用粉笔画一个边长50厘米的正方形，四条边平行于桌布的边。用膨胀漆仔细地把小正方形每条边描一遍，描边时可采用长短线和圆点交错的手法。在这个区域内，用膨胀漆绘几朵雏菊，方向不限。晾24个小时。熨烫桌布反面，正面的图案就会凸起，富有立体效果。一张清新淡雅的雏菊桌布就诞生了。

· 东方猎奇风银窗 ·

- 木板（规格21×26×2厘米）
- 褐色木工染料（青核桃皮制）
- 银纸
- 用于在木上贴金的媒染剂
- 亚光漆
- 配10毫米木制专用电钻
- 钢丝电锯
- 玻璃纸
- 中号刷或大号油漆刷

　　在对折的纸上用东方式线条画出半个图形。剪下，展开并把图形印在木板上部。勾勒出窗口的轮廓。用电锯锯出窗口和窗顶。将边角打磨圆润。涂上一层褐色木工染料。晾干。在窗口边缘涂上一层染剂。晾干后，小心地在上面铺上银纸，并用干刷子轻轻地敲打，直至粘住。清除多余部分。待干后，再涂上一层亚光漆。

·闪亮餐桌·

· 白色灯串
· 3米长纱布带（7厘米宽）
· 3米长窄平纹细布带

　　剪下与灯泡数量相同的纱布条和细布条，长度15厘米。将纱布条包在灯泡上，然后再用一根漂亮的用细布条打成小结扎紧。

· 麻绳相框 ·

· 原木相框

· 麻绳

· 胶枪

  用麻绳缠住相框的四个边，留出四个角。方法如下：剪一条1.5米长的绳子，一头用热浆糊黏在相框背面，再顺着边框缠绕绳子，最后将另一头也粘在相框背面。然后剪出12段10-12厘米长的绳子，对头一弯，相框的每个内角位置粘3段，呈带扣状。再剪4段长10厘米左右的绳子，并将其盘成螺旋状，粘在相框的角上，遮住之前的扣形绳两端。

· 桌布挂坠 ·

- 小的白色透明塑料袋
- 麻绳
- 迷你晾衣夹
- 碎石块、榛子等

把碎石块放入塑料袋中。然后剪一根长15厘米的麻绳将塑料袋扎紧。最后用晾衣夹把塑料袋挂在桌布的4个角上。

纯美单彩篇

58

· 浴露之花 ·

- · 1朵假花
- · 1根长20厘米的铜线
- · 透明虹色小碎珠
- · 浅玫瑰色和绿色棱面水晶珠
- · 爱牢达（Araldite）等强力胶
- · 1枚胸针别针

　　选一朵花瓣稠密颜色较淡的假花（比如玫瑰、牡丹）。拆掉塑料花茎。在连接处，给叶子加一圈用铜线穿棱面珠做成的装饰。把小碎珠粘在每片花瓣的边缘，就像整朵花披着露珠一样。最后，在花的背面缝上一枚胸针别针。

· 空谷幽兰 ·

将十几朵布花叠好，用一根饰有水晶珠的铜线通过花心穿在一起。把花粘在合适的支架上，无论作为胸针还是头饰都很雅致。

· 定情戒指 ·

通常，装饰房间的假花中都有一个花苞，何不把它粘在指环上做一枚戒指？

· 雏菊链 ·

从一朵布雏菊花的花心穿一根线，绑上几颗水晶珠，再把花缝在一条棉织带上。当手链还是当项链就看自己的心情了。

· 蝴蝶飞飞 ·

把几颗发亮的小珠子粘在一只羽绒做的蝴蝶翅膀上，用胶水把蝴蝶固定在一个扁平发夹上即可。那效果就像一个美丽的公主头上落了一只真蝴蝶，可爱极了！

· 仿古托盘 ·

- · 白色古典风格相框
- · 白纸
- · 淡玫瑰色无纺布
- · 蕾丝缎带
- · 珍珠纽扣
- · 电钻（四号钻头）
- · 万能胶

　　拆下相框的底托和玻璃。在相框的两条短边上各钻两个小孔。然后再剪两条50厘米长的蕾丝缎带，穿过小孔（为了方便地穿过小孔，可在缎带两端涂点胶），在背面打个结。如果蕾丝太细，可换一条更结实的缎带。接着在白纸上裁一个、在无纺布上裁两个与相框玻璃等大的长方形作托盘底。在纸角涂少量胶，并把两块布粘在纸上固定好。沿着窗形开口（画框内边）的四个边，把蕾丝缎带绕一圈粘在无纺布上。之后再从布的一角开始，等距离粘一圈纽扣。最后将这个底托粘在原来的底托上，与玻璃和相框组装在一起。

· 纸烛台 ·

- · A4厚铝纸
- · 目录册、杂志或口袋书
- · 纸带
- · 强力胶
- · 橡皮筋
- · 胶布
- · 蜡烛
- · 1把美工刀

    裁出一张边长8厘米的正方形铝纸，折出1厘米的卷边。用铝纸包住蜡烛底部，在蜡烛底下拧成一个尖头。避开书脊，用美工刀从杂志上直接裁下一本7厘米宽的"书"（厚度和长度同原书）。把裁好的这一沓纸绕在蜡烛底部，只露出铝纸卷边。先用橡皮筋扎紧。然后用涂胶的纸带把这个圆柱体紧紧缠几圈，最后打一个小结。再把橡皮筋取下来即可。

·百褶背心·

- 吊带背心
- 6米长绣花饰带（宽5毫米）
- 长眼细针

　　把饰带剪成6段。每一段都用平针自上而下地缝在背心上：吊带每个延长线方向缝一条，共四条；侧面接缝处缝一条，共两条。

　　在背心底部、上部或者整体制造皱褶效果。将饰带打个结，把褶皱保持在希望的高度。

· 餐桌小路 ·

- · 2块大尺寸尼泊尔无纺布
- · 6张薄尼泊尔A4纸（玫瑰红、米色、绿色各1张，原色3张）
- · 1盒与背景颜色相配的铆钉（附冲头）
- · 锤子
- · 1根约2米长的细亚麻绳

用尼泊尔纸剪两种不同大小的莲花（参考308页图样，每张A4纸剪4朵，最大的花用原色纸剪）。把它们在大无纺布上摆好，每朵原色花上放一朵彩色花。

每朵花用6颗铆钉钉住。把铆钉沿着每块无纺布的一条短边排好，再用细绳将它们连在一起。

51

·轻盈飘帘·

- 棉窗帘
- 浅玫瑰色无纺布
- 亮玫瑰色细缎带
- 粗缝衣针
- 剪刀

　　剪一块长21厘米、宽19厘米的长方形无纺布。距边缘1厘米处用铅笔轻轻画一个小长方形。把这块无纺布缝在另一块大一些的无纺布上，锁好边。用剪刀剪掉多余的部分。沿着铅笔痕迹，把这两块无纺布以1厘米的针脚平针缝在帘子上，缝上细缎带。缝的时候注意别把上部缝死，要留下一个袋口。而在袋口中部，留出30厘米以上的缎带。打一个双蝴蝶结。

　　用熨斗垫着湿布熨烫无纺布。

52

·装饰墙·

· 两种颜色的纱纸
· 喷胶

　　用纱纸根据需要的大小剪出图案（参见第309页）。把它们用胶水粘贴在墙上或者家具上，构成单线条勾勒的装饰花。再用另一种颜色的纸剪出花茎，与花贴在一起。

· 花窗 ·

按照308页图样用胶纸（或者为了临时效果用透明胶纸）剪出朵朵鲜花，贴在玻璃上即可。

将一张薄纸对折。手绘一些阿拉伯式花纹并按花纹剪裁。把这个"相框"用喷胶粘在墙上，在框起的空间内挂上一幅画或者一张照片。

· 临时相框 ·

·俏蜻蜓·

- 边长10厘米的柞丝方巾
- 10厘米热胶合衬布
- 30厘米玫瑰色铜线
- 亮片
- 透明小珠子
- 1枚胸针别针
- 布胶

　　从方巾上剪下一条2厘米宽的布带，将两条长边粘在一起形成一个圆柱，作为蜻蜓的躯干。把衬布和剩余的柞丝用熨斗胶合在一起，使柞丝更硬一些。在纸上画一只蜻蜓翅膀并剪下，用其作模本在柞丝上画四个一样的翅膀。把这些翅膀剪下，两两粘在蜻蜓躯干的背面。将铜线对折并插入躯干，顶端各留出3厘米，弯成触角状。用布胶把小珠子和亮片粘在蜻蜓上。最后把别针缝在蜻蜓腹部位置。

56

·纸花帘·

· 薄纸，自选配色（图片中使用的是日本折纸）
· 细麻绳
· 有粘性的小圆纸片
· 竹竿或木棍

　　用薄纸剪一些边长8厘米的正方形，将它们对折三次并进行裁剪（参见第308页的图样，或发挥创造力，设计个性化的图案）。剪好后展开。将纸花用细麻绳穿起来，将圆形粘纸片贴在纸花中心部位固定。将纸花穿在一起，根据窗子的尺寸确定花串的数量和长度，最后系在竹竿上，纸花帘就做好了。

· 双色碗 ·

· 报纸
· 厚彩纸
· 固体胶
· 彩色细绳
· 充当模型的碗
· 食用油

　　将彩纸裁成宽3厘米、长15厘米的纸条。事先在碗的表面涂上食用油，可让纸不会粘在上面。在纸条上涂满胶，整齐地粘在容器涂油的一面。纸条重叠部分为1厘米。共贴两层，然后晾至半干。取出容器，彻底晾干（必要的话可以使用吹风机）。然后把报纸也裁成宽3厘米、长15厘米的长条。涂满胶，规则地粘在刚刚做好的纸碗外面，纸条重叠部分也是1厘米。晾干。将彩绳剪成12小段。在碗边打一个洞，绳子穿过洞，在外面形成一个绒球，用另一段细绳扎住系紧。

· 纸绦带 ·

- 3张A4尼泊尔纸（天蓝色、灰色、深紫色）
- 亚麻细绳
- 强力胶
- 管装万能胶

　　制作细绳：每种颜色纸剪两条长21厘米、宽5厘米的纸带。把纸条沿长边对折，之后做成流苏状。剪一些3厘米宽的纸段，展开，然后反方向重新对折两次。将每一个流苏段重新对折并穿在60厘米左右的细绳上。用一点强力胶固定。流苏球间距1厘米，颜色交替。

　　制作纸链：剪一些长7厘米、宽2厘米的细纸条。把纸条沿长边对折，用万能胶粘起来。这样就做成了一个环。做另一个环，两端粘在一起前与第一个环套在一起。继续，想做多长就多长。也要注意颜色交替。

　　制作流苏球：每种颜色纸剪两条长21厘米、宽7厘米的长方形纸。与宽边平行剪出流苏，流苏的长度为5.5厘米。取12厘米的细绳，挽个圈。将流苏纸条绕着绳圈接口部边绕边粘。把流苏弄得蓬松一些。把流苏球用绳圈挂在细绳上。

玫瑰人生篇

73

· 保暖靠垫 ·

· 布罩可拆换的彩色野蚕丝方形靠垫
· 复古花边饰带（宽6厘米，长度至少为靠枕边长的2倍）
· 直径3-4厘米的珍珠纽扣

　　将花边丝带一剪为二，十字交叉放在靠垫上，别好。修剪花边饰带使之超出靠垫边缘5毫米。顺着边缘缝上花边。把纽扣缝在十字中心。为了避免缝到垫芯，记得在罩子和垫芯间垫一张纸。

·梦幻田园椅套·

· 靠背椅
· 印花织布
· 小亮片和小珠子
· 可以穿过小珠子的细针
· 2米长的饰带

在织布花样较集中处，按照靠背的尺寸剪出2个矩形（边缘各留出4厘米）。在一个矩形上，用亮片带（把线穿过亮片小孔，穿上珍珠后再穿回亮片孔内）和小珠链突出花样。每个矩形底部卷边。两个矩形正面朝外，对着缝起来，底部卷边处不缝。在距离两个侧边10厘米处的卷边内侧各缝上50厘米长的饰带，共4条。最后把做好的椅套在椅子靠背上，再系好饰带。

· 迷人长袖开襟衫 ·

· 低领长袖T恤
· 50厘米的休闲款花布
· 4颗螺钿纽扣
· 双面热胶带

　　把T恤正面一剪为二。剪掉领口、袖口部（剪掉四分之一），在袖口和胸口各剪出一个心形（参见第308页图样）。剪两条宽4厘米、与开衫等长的布带。在开衫的每个边上粘上一条双面胶带，再粘上布带，留出1厘米富余。用熨斗熨烫。在每个心形下面粘一圆片双面胶，再粘上一块布。在心形上面垫一张纸，熨烫（心上的胶会留在纸上，扔掉纸即可）。在袖口处剪一条长6厘米的缺口。把袖子外翻并缝上纽扣固定。剪一块边长8厘米的正方形布料，缝在缺口上，略打褶裥。在领口分别缝上2颗纽扣和两段15厘米长的布带。

· 干花相框 ·

- · 原木相框
- · 干花
- · 淡粉色涂料
- · 万能胶
- · 胶漆
- · 2把刷子

给相框刷上薄薄两层粉色涂料，晾干。在相框上把干花摆好，方向不一致，但看起来要自然美观。然后再用万能胶粘结实。晾干后，再涂上两层胶漆，以增强粘性，保护相框。

63

· 北京之光 ·

· 女士小阳伞
· 彩灯串
· 针线

挑选一个长度与阳伞周长相当的彩灯串。把彩灯串用粗针脚缝在阳伞边沿，注意缝的时候针不要刺破电线。

·立体花领背心·

· 几块方形（边长6厘米或者8厘米）薄布
· 金属色绣线
· 棉絮
· 珠子（直径5毫米）或者纽扣
· 石头珠链
· 铜珠链
· 绸带

　　把布料攒成球状，塞上棉絮，把边缝起来，将线拉紧，把棉絮裹在布料中，做成球状，然后用针线从中心到边缘缝出花瓣的形状，并在花心处缝上一颗珠子或纽扣。依此做出6朵大小不同的花朵，将它们缝在背心上：3朵在左肩吊带下端，1朵小花缝在另一条吊带的上端，另外两朵缝在领口下。把铜珠链缝在顶端的小花下，之后垂到领口下两朵花高度，最后缝在左肩吊带下方的3朵花下面，不要将铜珠链绷紧。剩下的链子垂在3朵花的一侧即可。在顶端的小花和领口下方两朵花之间，缝上石头珠链。在领口下方的两朵花和3朵花之间缝上两条绸带，多出来一部分垂挂在3朵花的一侧。

· 装饰镶框 ·

- · 葡萄酒盒
- · 与酒盒大小匹配的镜框
- · 丙烯酸涂料
- · 刷子
- · 1卷礼品包装纸
- · 粘木制品的胶
- · 双面胶

　　把镜框刷成需要的颜色，然后再把酒盒内外刷一遍，并充分晾干。再用礼品包装纸剪一个同酒盒底一样大小的长方形，沿边缘贴上双面胶粘在盒底。最后用胶将酒盒和镜框粘合。如有需要，用钉子加固。

· 活力长袜 ·

- ·厚款花式连裤袜
- ·3米长刺绣饰带（宽7毫米）
- ·6颗小珍珠扣
- ·圆头绣针

　　将连裤袜裁至膝上15厘米。把袜边向外略卷，袜边缝几针以免脱线。取80厘米长的饰带，于距袜边4厘米处，沿着袜边平行方向穿过袜眼，袜眼间距约为1.5厘米。并将饰带的多余部分打结，束紧袜筒于大腿部位。同法制作另一只。最后用小段饰带将3颗珍珠扣系在长袜脚踝后部。

·魅力纽扣项链·

· 彩色仿麂皮带
· 15颗彩色珠光纽扣，含两种尺寸

　　把同一色系的纽扣穿在仿麂皮带上（纽扣穿在这种材料上不容易滑脱）。在项链的中央，叠放两颗不同大小的纽扣，形成一个突起。两端各留出15厘米，打上结做成项链。

· "定制" 胸针 ·

· 两三块不同花样的印花织布
· 双面织物胶
· 3颗小球形珠
· 1枚别针

　　在两块印花织布中间放一些双面织物胶，用熨斗熨烫使之粘在一起，然后从这块正反图案不同的硬布上剪下8片圆形花瓣（大小各4片）。再将剪下的花瓣摆成花的形状，上下两层用不同的布面，之后用针线把花瓣底部缝起来，再缝上3颗小珠子。然后从剩下的硬布上剪下几条缎带，系在两层花瓣中间（不需要织物胶），并在这朵花后面缝上一枚别针。

·轻柔布花·

　　用两种色调的塔拉丹网状织布剪出十
几朵四瓣花。并将这些花缝在一起，在花
心处缝上一颗珠子，再用剪刀将花瓣剪几
下，最后在花的背面缝上一枚别针。

在不同颜色衬里上画一些四瓣花图样，并剪下缝在一起，在花心处缝一颗珠子，花的背面缝一枚别针。

70

· 清高衬花 ·

· 镶花体字母的徽章 ·

· 有镶边的枕套
· 刺绣用线
· 1米长的精美绸带或者绒线
· 绣针
· 绒布和白色棉布各1块（正方形，比徽章稍大）

　　将第310页的徽章图案复制到纸上。用电脑打印出一个高6厘米的斜体字母，描在徽章图案上。然后把图案放入枕套内，垫在待绣区域（右上角）下面，用铅笔在枕套上轻轻勾勒出轮廓。之后再把置于白棉布上的绒布放入枕套内描好的轮廓下方，全部用大头针别在一起，再在下面垫上一张纸，然后以4毫米溜针法绣出字母，再以6毫米的针脚绣出椭圆徽章。绣完后将枕套翻过来，给椭圆留出5毫米的边，剪去多余的绒布，再以6毫米溜针手法绣出徽章的结，最后把绒线沿着绣好的轨迹缝在枕套上，形成徽章的图案。

·仿古自然风·

· 羊毛裙
· 边长15厘米的米色、卡其色和仿古棕色的方形呢绒或细毡子
· 粗缝线
· 1卷深米色、紫色和棕色的毛线

　　按照第310页上的图样用呢绒剪出花瓣和叶子的形状，在裙子上摆好，用粗线溜针法缝上。然后用毛线绣出花的轮廓，叶子的叶脉以及两条茎。最后再把圆片放在裙子和花瓣之上，从中心起缝，针脚呈发散状。

73

·珠光蜡烛·

· 白蜡烛

· 玫瑰色细铁丝

· 玫瑰色圆亮片

· 5片玫瑰色蝴蝶形亮片

· 玫瑰红小珠子

· 大头针

· 长钉

把几颗大头针与玫瑰色珠子、亮片搭配穿在一起，然后插在蜡烛上。再剪一小段铁丝，一端穿过蝴蝶亮片上的洞，绕在一根长钉上，另一端插在蜡烛上。依此法在蜡烛身上均匀地固定5只蝴蝶。

92

红色夏日篇

74

·太阳花·

- ·彩灯串
- ·绢布假花（塑料花茎）若干
- ·布料胶水

　　拆分假花：去掉塑料部分（花茎和花瓣托），留下绢布花冠。每四五个花冠分为一束。通过花冠底部的裂缝，慢慢把洞撑大，让花冠能套在彩灯串的灯泡上，直至电线位置。在灯泡的塑料底座涂少许胶水，重新把花冠紧贴灯泡套好，粘贴牢固。

· 倒挂金钟丝绸纹章 ·

- · 纸板
- · 玫瑰色丝绸
- · 玫瑰色与红色混搭绒球
- · 5枚红头大头针
- · 4颗红色小珠子
- · 红色棱面圆珠大小各4颗
- · 喷雾胶
- · 伸缩切割刀
- · 尖头剪刀

在纸板上描一个正方形，并用切割刀裁下。再剪一块比纸板边长出6厘米的正方形丝绸。然后把胶水涂抹在丝绸背面，覆在纸板上，注意纸板中心要与丝绸中心重合。将丝绸4个角斜着剪掉，把剩余部分折到纸板背面。沿纸板中心方形窗口对角线将丝绸裁开，然后将裁开的部分沿窗口四边折到纸板背面。取4枚大头针，每枚上穿一颗小珠子，棱面圆珠大小各一颗。将大头针钉入方形窗口四角。最后用一枚大头针将绒球固定在纸板一角。

· "此处彼处" 包 ·

- · 帆布包
- · 1块坯布（21×30厘米）
- · 若干巴黎钉饰
- · 2件小挂饰
- · 20厘米绣花线

　　到一家专业的复制店把本书第311页上的图样复制到布料上。剪下图片并用巴黎钉固定在帆布包上。用绣花线穿起两件小挂饰系在包带上。

　　其他复制图样的方法：扫描图片，然后用移印纸打印。再把移印纸贴在布上，用熨斗熨烫后揭下保护膜。

　　或者：彩色复印图样。在每张图片上均匀地涂上厚厚的两层转印液(小瓶装)并晾干。然后用水把纸洗掉，只留下塑化的图样，再用同样的方式把图片移印在布上，晾干。

· 罐头灯 ·

· 3只小罐头盒
· 彩纸
· 银白色彩带
· 白胶
· 3个带孔的螺旋小灯座
· 双绞电线
· 3只E27型螺旋灯头
· 3盏40瓦小射灯
· 钻孔机和金属钻头

　　在每只罐头盒底部中央钻一个洞，向内插入一个小灯座。把电线穿过灯座。在盒内将电线与灯泡连接好后，将灯泡在灯座上旋紧。按罐头的圆周长度剪下彩纸，并预留出1厘米的宽度用来粘合。在彩纸上贴两条银色彩带作为点缀。用彩纸把罐头包起来，结合部用白胶粘好固定。

78

·个性餐巾带·

- ·细亚麻绳
- ·橙色和绿色皱面日本折纸
- ·白浆胶
- ·画笔

剪一段30厘米长的细绳。裁一张边长为3厘米的绿色正方形纸片，再剪一段宽5厘米、长10厘米的橙色纸带，将其缠绕并粘贴在距亚麻细绳一端5毫米处。剪一段更窄的橙色纸带并将它与绿色纸片一起粘在前面粘好的橙色纸带上。同法，再剪两段橙色纸带（比5厘米略窄些）盘绕粘贴在亚麻绳上，呈"阶梯状"。然后晾干。用剪刀把绿色纸片剪成胡萝卜叶的样子。也可以用同样的方法使用红纸做出一个红皮白萝卜。

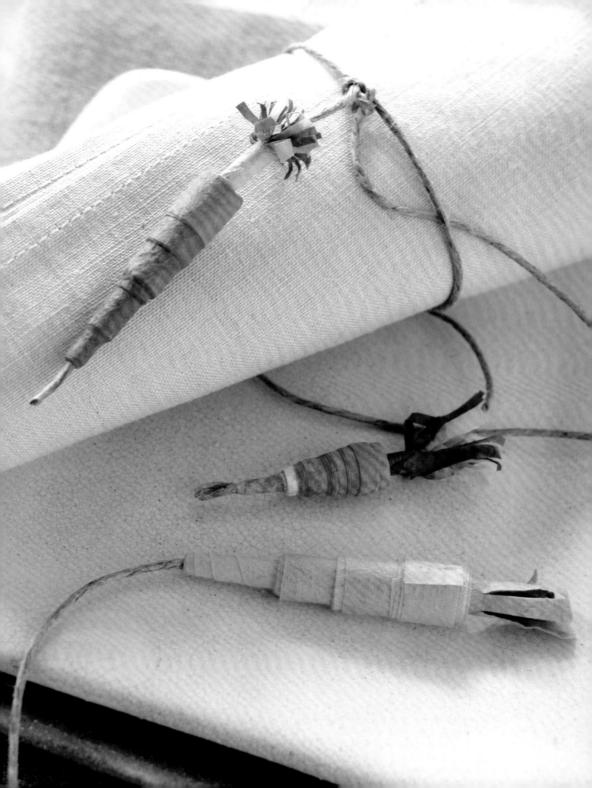

·彩条沙拉碗·

- ·白瓷沙拉碗
- ·玫红色、深紫红色、白色陶瓷颜料
- ·画笔
- ·胶条
- ·60° 酒精

　　用蘸过酒精的棉球擦拭沙拉碗，去除污渍。在距碗口2厘米处水平方向粘贴一圈胶条，往下4厘米再平行粘上一圈。用垂直粘贴的胶条把该区域划分成多个大小不一的长方形。将不同颜料混合在一起，制造出渐变的玫瑰红色调。给长方形区域上色。推荐使用细软的画笔，以便画出的图形更加清晰规整。最后轻轻将胶条揭下，晾干。

·手工鸟笼灯·

· 铁丝网
· 仿真羽毛鸟
· 若干树枝
· 细铁丝
· 小型连接器
· E14型灯座
· 带开关电源线
· 老虎钳
· 扁嘴钳
· 双面胶
· 红色棉纱带

　　用老虎钳剪一块长80厘米、宽30厘米的矩形铁丝网。将铁丝网卷成筒状，使其两条边合拢，用扁嘴钳将两条边的铁丝头拧在一起。将圆筒放在剩余的铁丝网上，剪出一个相同直径的圆盘。用同样的方法将圆盘固定在圆筒上。从笼子上端的两个铁丝网眼中，插入连接器，然后接入带开关电源线。在笼子内部连接电源线和灯座，再将灯座拧在连接器上。用双面胶把仿真鸟粘在树枝上，用细铁丝固定在鸟笼上。最后，用红色丝带装饰鸟笼。

· 杂色方格印花相框 ·

- · 1块厚纸板
- · 从杂志上剪下的花朵照片和单色画
- · 白胶
- · 清漆
- · 伸缩切割刀
- · 画笔

　　裁一块长方形硬纸板。用伸缩刀在其中央开一个矩形窗口。将照片和单色画片剪成相同大小的正方形和长方形，并在相框上粘严实，最后用清漆将整个相框刷一遍。

· 餐巾拼贴相框 ·

　　揭下餐巾背面的纤维膜只留下印花部分。在一张或多张餐巾上剪下不同系列的图案。预先在相框上留出图案相应的位置,并将它们交替或对称排列。在相框上涂一层清漆胶,不要忘记切口处也涂上。将剪下的图案一个一个地贴在相框上,再用清漆胶将整体涂一遍。之后再把餐巾多余的部分折到相框背面,并涂上清漆胶。晾干后,最后再涂一层。

挑选一组红色系列的邮票，然后把它们分摊在方框上，并用乳胶粘牢，不要忘记切口处也要粘上邮票。并在框上刷一层清漆胶。再将邮票剩余部分折到方框背面，同样用清漆胶将其粘牢，晾干。最后再用清漆把整个方框刷一遍。

· 邮票大杂烩 ·

·柔光灯·

- 塑料水壶
- E14型灯头
- 能放入水壶的灯泡（最大功率25瓦）
- 带开关和插头的透明电线
- 连接器
- 电钻和木头钻头（直径1厘米）
- 彩色贴纸

　　用老虎钳夹住瓶盖，在瓶盖中央钻一个小孔，把电线穿进去。然后再在瓶底开4个小口保证通风。将电线接入连接器，并将后者嵌入瓶盖。连接电线和灯泡底座，把底座拧到连接器上。在贴纸上剪一些圆点和装饰性图案（参见第313页图样），粘贴在瓶体上。

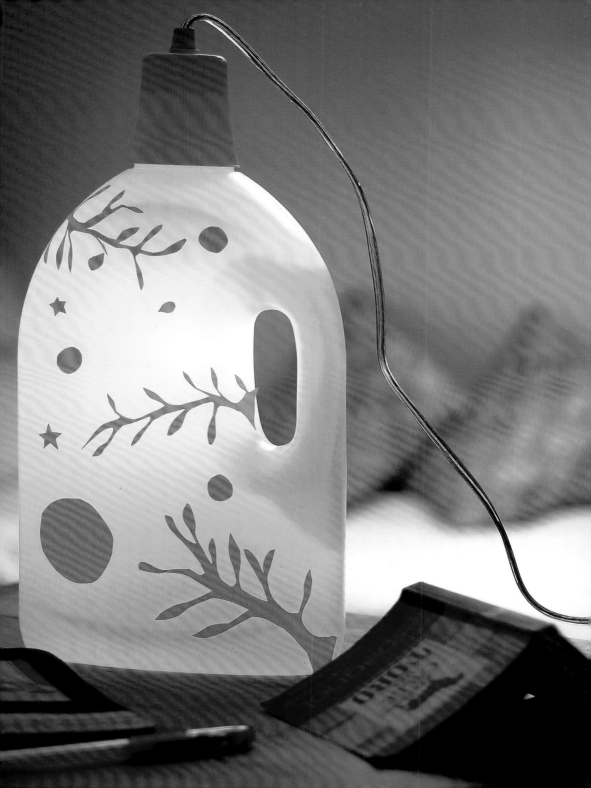

·红色小熊·

· 红色布料
· 杂色花布
· 白板笔
· 合成填充材料
· 针线

参照第312页图样，在红布上将小熊的身体和头部图样各裁剪两份，并从花布上剪下小熊的耳朵、胳膊、腿的图样各4份。将四肢和耳朵的布片反面对反面两两对齐，于距边缘0.5厘米处缝在一起，底部留口。修剪一下边缘，把它们翻过来并熨平。头部的两块布片同样反面对反面贴合，耳朵倒着放进去，然后将边缘缝合，底部留口。把头翻过来并填充。把身体部分的布片反面对反面放好，倒着放入胳膊和腿，缝合边缘，在与头部接合处留开口。把身体翻过来并填充。将头和身体手工缝合，连在一起。用白板笔画上眼睛和嘴，小熊马上就活灵活现。

· "流苏" 烛台 ·

· 红色玻璃烛台
· 5米红色铁丝 (厚为1-1.5 毫米)
· 2米红色细铜线
· 85颗多面小珠子、15颗大珠子
· 5颗水滴形大珠子
· 5片圆形亮片

把铁丝折成五角星形状(参见第313页图样)。将它套在烛台的顶端并打上结,调整后用剩余铁丝继续沿烛台上端绕环固定。截一段60厘米长的铜线,穿20颗珠子,每穿一颗珠子就打个小结。然后将穿满珠子的铜线缠在烛台的铁丝上。再截一段50厘米长的铜线,穿入5片亮片并分散固定在烛台四周,铜线末端缠绕在铁丝底部。为制作烛台的垂饰,截5段各15厘米长的铜线。一头穿过水滴型大珠子,留出2厘米弯回钩住珠子。然后依次穿入8颗小珠子,1颗大珠子,7颗小珠子。最后把铜线分别固定在五角星的5个角上,固定时要尽量让珠子贴近挂角。

·"盛装"蜡烛·

　　将两根饰带环绕在一根缓慢燃烧的粗蜡烛中段。先用胶水固定住饰带，然后在饰带重叠的位置插入两段各1厘米长的黄铜线，将铜线一折为二，作用如同别针。再截下20多段2厘米长的黄铜线。在每段铜线上穿一颗珠子，打结固定后将铜线末端裁至5毫米。上下两行，沿着饰带插在蜡烛上。

裁一块长方形红色毡布，包住一只垂直的玻璃酒杯（威士忌酒杯之类），周长和高度上分别留出1厘米和4厘米。沿毡布的长边剪出4个高三四厘米的三角形。用毡布包住杯体，使剪出的角朝上，在接口处缝两针。在距杯口1厘米处环绕一根饰带，缝好后剪裁一下以遮盖毡布接缝处，并稍稍拖地一点。

　　用同样的方法将3条不同的饰带由高到低依次缠绕在杯体上。缝上一片圆形亮片来遮盖缝合处，并在4个角上各缝一颗多面小珠。

·吉普赛风杯子·

· 红色酒瓶套 ·

· 红色毡布（26×25厘米）

· 打孔器

· 150厘米长的黑色缎带（宽3毫米）

　　将图样（参见第314页）放大250%，画在红色毡布上。沿图样边缘裁剪毡布，并在指示位置打孔。将底边（不带小孔的一边）的锯齿收拢成星形，将中心点重叠在一起缝结实，做成瓶套底。将一瓶酒放进套中，然后从底部开始像穿鞋带一样穿入缎带收紧。最后打一个漂亮的结。

· 别致的花饰 ·

- 长方形靠枕（枕套可拆换）
- 四种不同颜色呢绒
- 颜色和大小各异的装饰珠

　　首先，将花形（参见第315页）画在纸上，然后A图案剪3片，B图案2片，C图案2片，D图案3片。接下来，把剪好的图案由大到小依次叠放成蔷薇花瓣形状，缝在一起，再缝上一些珠子作装饰。最后把做好的花瓣缝在靠枕的右上角。缝之前，记得在枕芯与枕套中间垫一张纸，以免将花瓣与枕芯缝在一起。

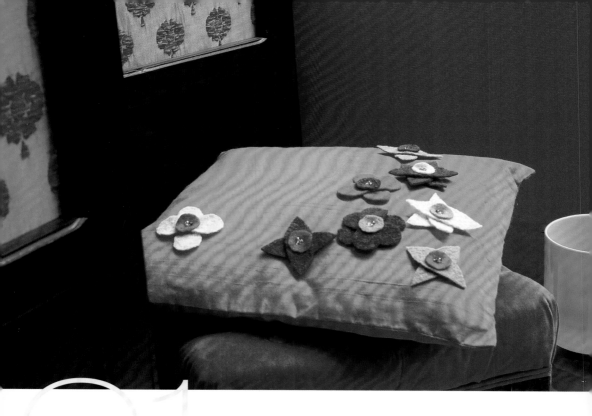

· 热烈花靠枕 ·

　　将花形画在纸上并剪下。想要多少花瓣的呢绒花都可以剪（四色的）。把剪好的花一起摆在靠枕上观察，以获得最佳效果。把花瓣缝在靠枕上，在每朵花中间缝3颗颜色大小各异的珠子。保险起见，别忘了在枕芯和枕套间放一张纸。

用色彩搭配的钩针小花装饰靠枕。记得在枕芯和枕套间放一张纸。分别在枕套4个角距边缘5厘米处缝上一朵小花。然后再在这4朵小花之间缝上其余花朵。最后缝上枕套中心的4朵花。

· 缀花靠枕 ·

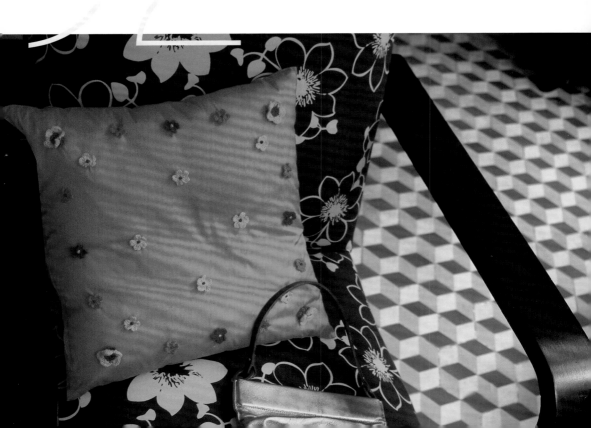

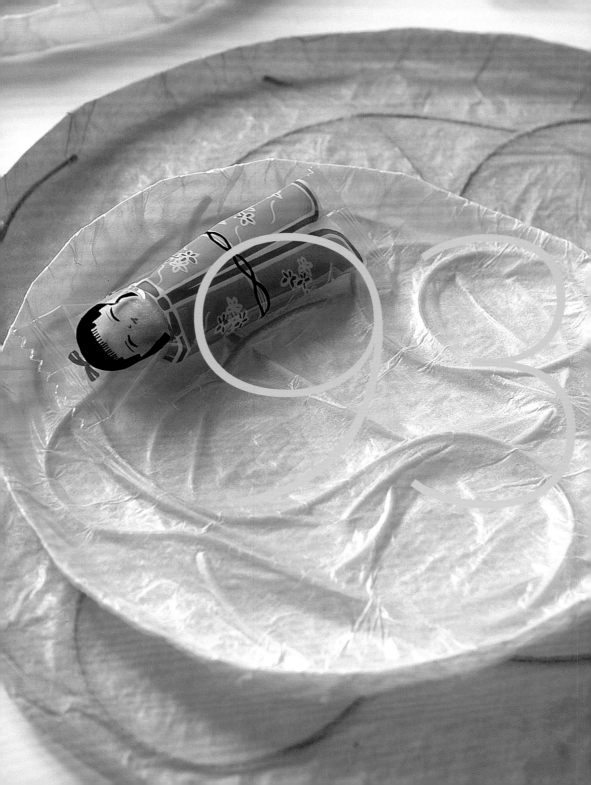

115

绿色梦幻篇

93

· 迎春窗帘 ·

- · 白色或素色棉窗帘
- · 清晰的花朵图片
- · 与花朵颜色相配的绣花线
- · 熨斗
- · 转印纸若干

在转印纸上复印若干份花的图样，将图样剪下。按说明书要求，将图案用熨斗转印到布帘上。用铅笔在帘子反面画一些垂直线，再用不同颜色的绣花线溜针绣出。剪绣花线时，多留出一截，会更飘逸。

· 叠翠项链 ·

· 若干三种色系的绿水晶珠
· 若干搭配的水晶珠
· 若干绿色羽毛
· 1对三排扣
· 1个项链扣
· 压珠若干
· 1把钳子

把珠子穿在线上，中间穿插比较大的珠子，间距随意。线的两端各留出10厘米。把3条项链用三排扣和项链扣连接起来，再在正中位置用一根尼龙绳把3条项链扎拧成一股。然后在尼龙绳上加一个压珠，并将羽毛插在里面。

95

· 毛毡小花垫 ·

· 不同颜色的毛毡数片
· 透明玻璃盘

在毛毡上剪出不同形状和大小的花，放在盘子下面。既可以只用一种色调，也可以来个色调大杂烩，还可以将小花叠加在大花上面以变换出各种花样！

· 绒线花垫 ·

在一个透明餐盘下呈扇形摆放几朵绒线花（在缝纫用品店购买或自己用丝线做）。不是既简单又美观吗？

97

· 蝴蝶垫 ·

买几只蝴蝶或者自己用彩纸剪几只，放在透明餐具下面，便可开始一顿充满春天气息的午餐。

· 绿叶杯 ·

　　找几片小树叶晒干。用镊子夹住，在干树叶背面小心地涂满胶水，贴满杯子外侧即可。也可开动脑筋想出更多的花样。

· 花菜单 ·

　　剪一张与磁性相框等大的彩色纸片，在上面贴几朵干花，写上菜谱，夹进相框中。开始点菜吧！

· 荷叶套盘 ·

· 数只不同大小的盘子（用作模具）
· 数张玻璃纸（白色、绿色、黄色、蓝色、松绿色），每只盘子3张
· 细麻绳或彩色编织绳若干
· 1罐乳胶
· 2把约3厘米宽的扁头刷

　　取一张玻璃纸，用刷子在一面涂满乳胶（必要的话，可先用少许水稀释乳胶），将涂胶面朝上放在盘子上。给另一张玻璃纸涂上乳胶，涂胶面朝下，压在第一张上面。用另一把刷子刷一遍，然后把两张玻璃纸粘在一块，使它们贴合盘子形状。剪几段细麻绳或彩色编织绳，在玻璃纸上摆出涡卷线状图案。取第三张玻璃纸，涂刷上乳胶覆在上面。用干刷涂一遍压实。放1小时，待乳胶干透，再稍稍修剪一下纸的毛边，漂亮的荷叶盘就可以脱模而出了！

·常青挂灯·

· 1副金属衣架
· 2只小玻璃罐
· 2支无烟蜡烛
· 若干彩纸
· 2条花布头
· 1根常春藤
· 1个坠子
· 1朵假花
· 若干细铁丝

　　将衣架的底边轻轻地掰成波浪状，然后在每只玻璃罐外缠上花布带，并在罐底部放入一片彩色圆形纸。再用细铁丝将玻璃罐固定在衣架上，然后缠上常春藤枝条，接着，在衣架的钩下悬挂一朵假花和一颗坠子。将蜡烛点燃放在玻璃罐里，常青挂灯便做好了！

· 浮雕模板 ·

· 1个木框
· 镂花模板
· 绿色丙烯涂料
· 模具糊
· 喷胶
· 刮刀或平滑小刀
· 刷子

用刷子给木框涂上两层薄薄的绿色丙烯涂料。晾干。将模具糊和绿色丙烯涂料混合均匀。把喷胶涂在模板的一面上，晾30秒。将模板放在木框的一条边上，往模板上铺一层约1毫米厚的调好色的模具糊，用刮刀刮平。慢慢地揭下模板并立刻用温水擦洗。在木框的另一条边上使用模板的另一面重复上述步骤以得到对称的浮雕图案。晾干即可。

103

· 闪光的花环 ·

- · 浅绿色透明纸
- · 深绿色纸
- · 灯串
- · 订书机

　　用两种纸剪一些叶子（参见第317页图样）：将纸对折，剪好半片叶子，展开即可得一片完整的叶子。每只灯泡裹上一片剪好的纸叶，用叶柄包住电线并用订书机订上，加深折痕赋予叶子立体感。

·田园小台布·

· 麻布（做成30×40厘米的小台布）
· 转印纸
· 花或绿植照片

　　首先，洗净麻布并晾干、熨平（麻布洗涤后会大幅缩水），剪成若干块30×40厘米大小的矩形。麻布的每条边缘一根根上拆出2厘米的毛边。将选好的照片扫描或复印到转印纸，按说明书把转印纸上的图案转印到麻布上。

·珍宝手链·

· 若干多色细缎带
· 若干塑料珠宝小饰物
· 1个压力扣
· 2个五排扣
· 钳子

　　剪取5条三四种颜色的缎带，每条长30厘米。把缎带系在五排扣上，同色不相邻。在缎带上穿上装饰物，若是坠子（如蜜蜂或蜻蜓）则系在缎带上，每条缎带穿4个装饰物，形状与样式要富于变化。按腕围修改缎带长度，将缎带的另一端系在另外一个五排扣上。再用钳子把2个五排扣用压力扣拧在一起。

·绿叶杯垫·

· 数块毛毡（绿色系、棕色系）
· 数片树叶
· 同色调的绣花线
· 别针
· 缝衣针
· 胶水

　　将树叶放在毛毡上，用别针固定，沿树叶边缘剪下毛毡。用别针将剪好的叶形毛毡固定在其他颜色的毛毡上，再剪出一片比它大出半厘米的新毛毡叶，并将两者叠加，增加层次感。然后用胶水将两片叶子粘合。也可在毛毡叶上绣出叶脉。

· 格子玻璃杯 ·

· 透明玻璃啤酒杯若干
· 可在玻璃上写字的白色、绿色和褐色自来水毡笔
· 60° 酒精
· 不透明胶带

　　用棉花蘸酒精擦净玻璃杯。将胶带规律地垂直粘到杯身上。沿胶带空隙，用毡笔描画点线相间的虚线。晾干。撕掉胶带。再在杯子水平方向重复上述步骤。

· 指环与丝带的变奏 ·

· 大小、款式不一的指环
· 丝带

制作这件首饰较为简单。可以使用各种颜色的丝带。若想做成项坠，将丝带折成两股，穿过指环，再将丝带的两端穿过形成的结，指环就固定住了。想做成手链的话，则将丝带两端分别穿过戒指并系成活结，以灵活调整长度。

· 香薰钟 ·

· 小玻璃钟
· 酒椰叶纤维（秸秆或其他植物纤维）
· 香芹和百里香

　　用酒椰叶纤维将香芹或百里香扎成圆束并打一个漂亮的结。将香芹和百里香的茎剪齐。把迷你花束放在小玻璃钟下，摆在桌子中央，便营造出一种充满乡村风情的优雅氛围。

·永恒的罂粟·

· 可拆换的素色靠枕枕套
· 暗绿和灰色亚光丙烯涂料
· 同种暗绿色亚光棉线
· 土豆
· 大号刷子
· 细画笔

在枕套上用铅笔画出花茎。在纸上画出罂粟的图案，并剪下来。选一个能盖住这幅图案的土豆，并将土豆切成等大的两半，切面平整，把图案蒙在切面上，用刀刻出所画罂粟的轮廓，切去周围多余部分（便得到一个土豆章）。在枕套下放一张纸以防丙烯涂料渗透（若枕套缝合处太厚，可在枕套下垫一本杂志，使枕套平整）。在土豆章上挤上涂料，用刷子涂匀，盖在枕套上所画花茎的顶端。压实。接着在土豆章上刷涂料，再印另一幅罂粟图案。用细画笔蘸灰色涂料在枕套上画一只蚂蚁（可先在枕套背面试画一下）。用溜针法绣上花茎。熨几分钟。

· 风之籽靠枕 ·

　　用铅笔在靠枕上画出植物的茎。用土豆刻出种子的图案，用刀削掉多余的部分。在一张纸上涂些涂料。先在枕套里面试一下，再在枕套下垫张纸，在茎的两侧，用土豆章蘸着涂料印上种子的图案，盖一个图章蘸一下涂料。再用溜针法绣出植物的茎。熨几分钟。

用铅笔在粗条纹靠枕上画出花茎。在土豆上刻出花或花瓣的图案，然后用刀将图案切下。再用棉签蘸涂料画出点状花纹（常换花样），根据所画绣出花茎。最后熨几分钟。

· 花花靠枕 ·

·明快"森林风"·

- ·4根树枝
- ·12颗松塔
- ·铜线
- ·修枝剪或木锯
- ·粘木头的速干胶（或氯丁橡胶凝胶）
- ·克丝钳

　　将4根树枝平放，两两交叉，形成一个正方形木框。如有必要，可用修枝剪或锯子重新修剪一下树枝。将树枝粘牢后晾干。截4段30厘米长的铜线，紧绕木框四角，使之更牢固。线头用钳子拧紧。再截12段约30厘米长的铜线，分别绑在松果的底部，将松果在树枝交叉处系牢。用克丝钳拧紧铜线线头，将松果固定。按同样的方法把另外11颗松塔固定在木框上。

114

·竹边相框·

用氯丁橡胶凝胶或热胶水，将竹棒两两并排，粘连在一起，晾干。用同样的方法制作另外三组竹棒。然后再将每组竹棒两两垂直交叉，组成一个正方形，并将交叉处粘牢。

115

用线锯将天然圆木切割成薄厚适中的圆木片，然后覆盖在一个木框上。再用松塔鳞片装点在圆木片上。最后，用氯丁二烯橡胶或热胶将圆木片和松塔鳞片固定在相框上。

· 圆木相框 ·

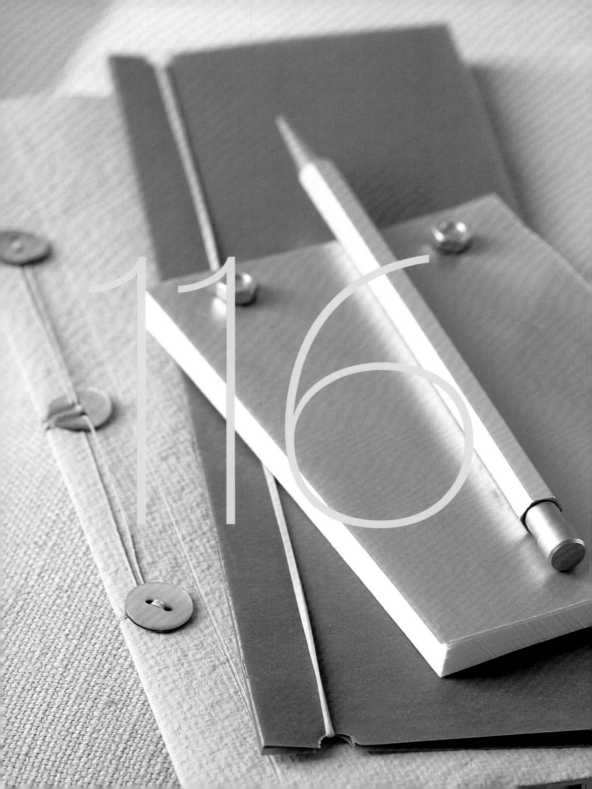

129

蓝色映像篇

116

· 卡夹 ·

· 9张规格为18×21厘米的200克透明纸（颜色要搭配）
· 2根木筷
· 1把卷笔刀
· 打孔器
· 订书机

　　将卡纸沿较短的一边对折（9×21厘米），但不要有折痕。用订书机把对折的两边订起来。在距对折边1厘米、侧边2厘米处打孔。用卷笔刀将筷子两头削尖。然后用木筷将打好孔的纸穿起来。如果筷子比纸上所打的孔小很多，可以用一颗大珠子穿在筷子末端，以固定筷子上的卡纸。

· 穿衣服的杯子 ·

· 不同颜色的彩虹纸
· 双面胶
· 数张白色A4纸

用一张白纸将杯子外壁包裹起来。然后将杯口、杯底和杯壁多余的白纸裁掉（杯壁结合部应有1厘米的重叠，方便随后粘合）做成模板。之后，复印插图（参见第316页），并将图案放大至几乎与杯子等高。然后再把复印好的图案剪下来，将二三个（根据大小）并排放在一张白纸正中位置。借助裁好的纸模板检查白纸与玻璃杯是否贴合。将调整好、放有图案的白纸复印在彩虹纸上。

按照模板的大小，裁出相应大小的盖玻片。用盖玻片包裹杯壁，并将盖玻片两端用双面胶粘牢。如果是水杯，裁剪的盖玻片应低于杯口1厘米。

·日式灯笼·

· 浅蓝色纸质灯笼
· 11朵白色平面纸花
· 10颗黑色或深蓝色圆头饰钉
· 1颗淡蓝色圆头饰钉
· 万能胶
· 黑色颜料（水粉画颜料或丙烯涂料）
· 毛笔

　　将纸花粘贴在灯笼表面，粘时用另一只手从里面托住粘贴部位以防弄破灯壁。每朵花中间粘一个圆头饰钉。将其中一朵花涂成黑色（用淡蓝色的圆头饰钉）。接下来是最精细的一步，轻轻地用铅笔勾勒出花茎，然后再用毛笔蘸颜料重新描绘一遍（描之前可先在灯笼上部做个测试，以免颜料洇开弄脏灯笼）。在晾干前，不要触碰灯笼。

· 吉祥钥匙链 ·

· 不同式样的彩带、珠子、塑料环若干
· 戒指环
· 带钳口的圆环
· 1个大的钥匙扣
· 照片若干
· 布头
· 转印纸
· 配色的缝衣线

　　将自己喜欢的几张照片分别转印到已经裁好的矩形布料上。用缝纫机将印好照片的布料锁边。用珠子、塑料环和彩带装配6条彩链。将彩链挂在小圆环上。用1个缝在指环上的彩带环把印在布料上的照片挂上。再把6条彩链全部穿在大钥匙扣上，与钥匙环固定在一起。

· 新人之碗 ·

- · 纱纸（白色和彩色）
- · 平底碗（底部无凸边）
- · 胶水
- · 字母印章
- · 彩色印泥
- · 保鲜膜

将白纱纸撕成小条。用字母印章在纸片上印上新人姓氏的首字母。放在旁边备用。将碗倒扣在桌面上，用保鲜膜包裹起来。将彩色纱纸撕成小条，一张压一张粘贴在碗上。这样叠着贴20多层。然后再贴上5层白色纸条，最后将印有新人姓氏首字母的白色小条粘在最外面。脱模前将碗干燥24小时。

121

·立体字母·

- · 5毫米厚的泡沫板
- · 城市地图
- · 乙烯胶水
- · 强力胶
- · 切割刀
- · 小刷子

在泡沫板上画出设计好的字母（手绘或者印模）。剪下，用强力胶交叠着粘在一起，组成想要的单词。再剪出相同的一个或两个字母，与原来的字母重叠，制造出层次。用乙烯胶水将事先剪成小块的地图粘贴在字母之上。最后，为了掩盖边角溢出的胶水并使纸面更清爽，再在整个表面涂一层乙烯胶水。如图所示，"New"为用银色亚光纸重新包裹后的效果。

· 牛仔裤与天鹅绒 ·

· 1条牛仔裤
· 2米长的黄色天鹅绒带（15毫米宽）
· 50厘米长的橘红色天鹅绒带（15毫米宽）
· 蓝色牛仔裤线

　　将两条天鹅绒带各剪成两段。用锁边针法将黄色带子沿着裤缝缝在牛仔裤外侧。将下部多余的带子剪掉。挽起裤脚，同之前的做法一样，将橘红色天鹅绒细带沿裤脚内侧裤缝缝在牛仔裤上。对于另一条腿如法炮制。

· "星"牛仔裤 ·

在一块塑料板上雕刻出大小不同的五角星图案，做一个镂空模板（参见第317页）。再将模板平放在待"改装"的牛仔裤裤腿上。然后用油画刷蘸取适量金色（或其他亮色）染料涂抹模板空心部分。最后将印好的裤子晾干，并用电熨斗熨烫，以固定图案。

选一块有完整图案的绣花布，剪成一个牛仔裤后兜，并预留出1厘米的滚边。把滚边折好，然后用蓝色牛仔裤线缝在原来的裤兜上（也可以拆下原裤兜）。在裤兜上部用细毛线缝两条溜针线作装饰。

·花口袋·

·彩带之舞·

· 白色纱布
· 11条25厘米长的彩带，其中一条斜裁
· 白板笔
· 缝纫线

　　用纱布裁一个47×25厘米的长方形。将彩带平行于宽边沿长边缝在纱布上，然后将两个长边锁边。无彩带的一面朝外，将纱布两条窄边缝合，翻过来，得到一个圆柱体，并将它压平。在距两条边边缘0.5厘米处各缝一条线，其中一条线与此前缝合纱布窄边的线重合。再次把圆柱体压平，使刚缝好的两条线重合，再在距两条边边缘0.5厘米处锁边。用白板笔在斜裁的彩带上写下自己的寄语。

· 以光的名义 ·

- · 250克的单面白色荧光纸
- · 若干80克或100克的彩色卡纸
- · 喷胶
- · 氯丁二烯胶
- · 切割刀
- · 透明且无粘性的坐标纸（做灯罩）或者玻璃瓶（做回光镜）
- · 钉书钉
- · 小方格纸

　　将彩色卡纸和白色荧光纸各一张剪成适宜大小。用喷胶粘在一起。在相同尺寸的一张小方格纸上，制作切纸模型（长方形、半圆形、三角形等等）。通过重叠，用切割刀割出相应的图案。用刀背在纸板上做好折页标记。去掉纸舌。卷成一个圆筒，用氯丁二烯胶沿长边粘好。把坐标纸放入里面，用少许胶水固定。将灯罩架轻轻放入圆柱体内用氯丁二烯胶固定。

·改造T恤·

· 七分袖低领T恤衫
· 用于领口的长方形珠罗纱（25×15厘米）
· 用于袖子的两块长方形珠罗纱（35×12厘米）
· 1小瓶金色荧光粉

　　将25×15厘米的长方形珠罗纱沿着长边对折，打褶。将打好褶的纱布放进领口，缝在领口内里。根据自己的爱好，也可以把纱布修剪成圆形。取一块35×12厘米的长方形珠罗纱沿长边对折，打褶，长度与袖口大小合适。将薄纱缝在袖子里，露出打褶部分。另外一只袖子做法相同。将金色荧光粉均匀撒在珠罗纱上并晾干。低温熨一下即可。

· 小记事本 ·

· 若干不同式样的卡纸
· 螺丝、螺栓
· 打孔器
· 亚麻线
· 珍珠质纽扣
· 长皮筋

金属质感的本子——在裁好的纸张的短边侧打两个孔。用与纸张同样大小、有金属质感的硬纸板裁一个封皮，打孔，用螺丝将封皮和纸张穿起来，拧紧螺帽。

海蓝色的本子——将12张边长为15厘米的正方形牛皮纸一起对折，再将一张边长17厘米的厚硫酸纸对折。将对折好的牛皮纸插入硫酸纸中，褶痕朝外（像日式笔记本），页边朝封面内侧。分别在距对折线8毫米的硫酸纸上下各打一个半圆小孔，将长皮筋套在半圆孔上。

珍珠纽扣本——将白色A4纸以及一张彩色厚卡纸对折，并将A4纸插入卡纸内。沿折页线打3个孔，分别盖上3颗珍珠纽扣，用亚麻线"缝"在一起。

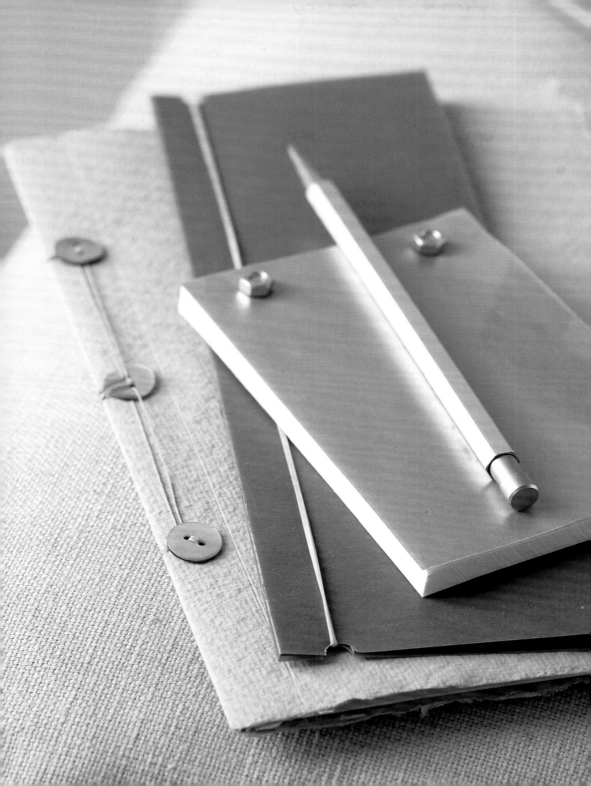

· 巴黎风情贝雷帽 ·

- · 1顶贝雷帽
- · 25厘米长的银色织布
- · 25厘米长的双面热胶合布
- · 银色古塔胶笔
- · 硫化纸

　　用熨斗将热胶合布固定在银色织布的背面。在热胶合布的保护膜上画上与图样一样的图案（参见第319页）。剪下图案并将其摆放在贝雷帽上。上覆一张硫化纸，用熨斗熨烫把图案粘贴在贝雷帽上。用银色古塔胶笔分别在心形图案两侧写上"I"（我）和"Paris"（巴黎）两个词。

无羁绚彩篇

154

·唯美渐变色板·

- · 大的木相框
- · 彩色丙烯涂料
- · 1.8厘米宽的胶带
- · 亚光丙烯酸清漆
- · 2支画刷

　　将胶条均匀地贴在木框上，以确定涂色的范围，注意确保胶条的间距一致。将涂料混合，调出第一种颜色，涂在胶条之间的空隙。将该颜色调淡些，涂第二个色块。以此类推，直至形成美丽的渐变效果。注意色调的均匀过渡，避免一个色块与另一色块色差过于明显。等涂料晾干以后，刷上一至两层清漆固色即可。

· 创意时钟 ·

· 塑料瓶盖（12个小的、1个大的）
· 橡皮泥
· 预先剪出数字的贴纸
· 圆形强力磁铁
· 时钟机芯
· 双面胶
· 强力胶
· 电钻

在12个瓶盖里填入橡皮泥。将磁铁按入橡皮泥中，随即取出。待橡皮泥干后用强力胶把磁铁嵌入此前形成的印痕中。把数字贴在瓶盖表面。用电钻在大瓶盖中央打个洞，放入时钟机芯，用双面胶固定。整个时钟可以固定在金属底盘上。如果想用镜面做表盘，只需在镜面背后每个小瓶盖的对应位置放上一块吸力较强的磁铁就行了，很有透视效果。

132

· 虹彩对话框桌布 ·

- · 长方形白色桌布
- · 各色绣花棉线
- · 裁剪画粉
- · 若干不同口径的杯子
- · 绣花针

　　将桌布沿与长边平行的方向对折，突出中心线。以杯口作模，用裁剪画粉在中心线两侧交错画上大小不同的圆圈。用回针绣手法沿着圆圈绣制。每绣完一个就换一种颜色再绣下一个。注意熨烫时需要把桌布翻面，这样才不会烫坏针脚。

133

· 阔彩条桌布 ·

　　首先准备一块单色桌布，然后选一条
有彩条图案的宽饰带，颜色要与桌布协
调。将桌布沿长边对折以确定中心线。将
饰带用别针固定于中心线两端。沿中心线
缝上。若只想要暂时的效果，也可使用双
面胶固定。

134

用字母图案做装饰，餐巾也能变得摇曳多姿！首先用裁衣画粉在餐巾上描画出字母，然后沿着所画的痕迹用回针绣手法绣好字母即可。

· 绣花餐巾 ·

135

·意式穆拉诺琉璃瓶·

· 红色花瓶
· 玻璃珠、圆形或蝴蝶形的玻璃片，注意颜色的搭配
· 1支半透明玻璃胶

　　将玻璃饰物一个一个依次粘在花瓶上，先粘较大的。静置一夜待干即成。若粘胶弄脏了花瓶，等胶完全干燥后用手指轻轻抠除即可。如果粘胶管口被堵住，只要将管口的干胶抠掉，便可以继续使用了。

· 轻纱吊带衫 ·

· 尺寸为30×80厘米轻薄的平纹细布
· 长24厘米、宽4毫米的饰带
· 1支掺有亮片的古塔胶

　　剪两块25×37厘米的矩形平纹细布。沿矩形的短边饰以掺有亮片的古塔胶。静置待干，熨一下使之更牢固。将饰带均匀地剪成四段。将平纹细布用饰带绑在背心的吊带上，注意绳结朝内。用针线将绳结缝在吊带上，然后涂上古塔胶盖住绳结即可。我们还可以用剩余的平纹细布做一条配衣服的项链。把剩余的边角料缀成长条，穿上彩色的纸珠子，每穿一颗珠子就在上下方各打一个结固定住。

· 动物名签 ·

· 规格8×8厘米的彩色名片（250克）或文具店买的名签
· 切割刀

　　复印本书第318页的图样并裁剪。然后对折彩纸，并将图案放在彩纸上，蓝色线一边对准折痕。再用铅笔轻轻描绘出轮廓，然后顺着描绘的外部轮廓和内部的虚线进行切割，深色的线条代表折痕。之后再用橡皮擦去留下的铅笔印。最后再把客人的名字写在卡片上。可爱的动物名签就完成了。

anna

138

·趣味动物剪纸·

改用其他颜色的彩纸裁剪，各种新的动物形象就跃然桌上了。

按照第317页的图样，将彩纸剪成中间开个小口的心形，别在杯沿上，让每个客人的杯子都个性十足。

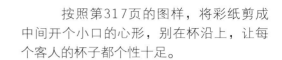

· 个性心形名签 ·

· 彩条布鞋 ·

· 双黑色中式绒面布鞋
· 长20厘米、宽15毫米的天鹅绒饰带（红、橙、黄、蓝色各一条）
· 8颗纽扣

　　把饰带都剪成两半，每种颜色一条，饰带的一端缝在鞋面靠近脚内侧鞋底处，然后让饰带平行紧贴鞋面，而另一端缝在距离鞋底外侧边缘一二厘米的鞋面上。再在每条饰带上缝一颗纽扣遮住针脚。最后将饰带长出纽扣的部分剪成三角形。

141

· 羽毛人字拖 ·

　　将一些粉色羽毛用塑料专用胶粘在人字拖的带子上，再用同样颜色的线将羽饰加固。如果觉得不够过瘾，还可以用胶枪在硫化纸上喷一朵花，并在胶干前往上面撒些小亮片。胶干透后揭下胶花，用塑料专用胶粘在人字拖上，再在花上面粘一些羽毛。

用塑料专用胶将线穿的小亮片粘在人字拖的带子上，或者围绕鞋底粘一圈。后一种情况下，需要用一些短别针加固小亮片，确保不掉。

142

·时尚卡其色人字拖·

143

·动物把手·

· 塑料动物模型
· 薄棉纸或者很薄的单色或有图案的纸
· 瓶装白色胶水
· 画刷
· 电钻
· 双头螺丝钉

　　用涂好胶水的纸带纵横交错地把塑料动物模型完全包裹起来。再在动物模型全身细细涂抹一层胶，并晾干。然后用电钻在模型上开一个孔，嵌入一颗双头螺丝钉，将其改造成家具把手。如果在较大的动物模型身上，钻一个直径稍大的孔，还能当烛台用呢！

· 闪亮相框 ·

· 原木相框
· 各色亮片
· 亚光丙烯酸油漆
· 氯丁二烯凝胶
· 刷子

用刷子在相框上均匀地涂两层薄薄的亚光丙烯酸油漆。镜框干透以后，挑选一些不同形状和颜色的小亮片，有规律地排列在相框上，并在每片亮片背面涂上氯丁二烯凝胶，将它们固定在相框上，晾干。

145

·彩条托盘·

· 木托盘
· 丙烯酸油漆
· 刷子
· 胶带

首先确定颜色搭配。如果托盘底部本来就是由间隔的木条构成，那么在木条上按搭配好的颜色刷上油漆晾干，再刷上第二层油漆就行了。如果托盘底是实心的，就先用胶带在底部分隔出两厘米宽的细长条，在里面刷上不同颜色的油漆，待晾干后，把胶带一揭就轻松搞定。

· 花瓶组曲 ·

- · 8只伏特加酒杯
- · 宽为7厘米的塔拉丹布饰带
- · 双面胶

　　根据杯身周长裁剪合适的塔拉丹布饰带，接口处预留出1厘米。再用双面胶将包住酒杯的饰带固定。然后再挑选一些淡雅的同色系花（图为银莲花）插在杯中，最后把花瓶摆放在桌子中央。

147

·发光鸟笼·

- · 鸟笼
- · 假花、假蝴蝶
- · 灯串
- · 细铁丝
- · 粘合剂
- · 回光灯

将灯串用细铁丝随意绑在一个从旧货市场淘来的鸟笼上。再用假花和假蝴蝶装饰鸟笼，使用粘合剂固定。最后在笼子里放两盏回光灯。

148

· 迷你分装袋 ·

· 白色纱布
· 21条40厘米长彩带
· 打孔机
· 熨斗
· 白线

　　裁7块26×12厘米的纱布。将每块纱布纵向对折，缝合两边，缝合处距边缘0.5厘米。将纱布袋翻过来熨平整。再在上部折1厘米宽的贴边，并用熨斗熨出褶痕。然后在上部有4层纱布的位置开一个洞。并把这些小布袋一个接一个用缝纫机锁边并连在一起。每个小袋用3条不同颜色的彩带封口。

· 彩色水滴 ·

· 1个五孔的圆环
· 10颗彩色水滴形玻璃珠
· 5个挂钩
· 小钳子

　　虽然做起来轻而易举，但效果却极佳。在每个挂钩上挂2颗珠子，然后把挂钩装在圆环上，用小钳子将挂钩夹紧。当然可以将珠子的颜色混搭，也可以采用单一色调。

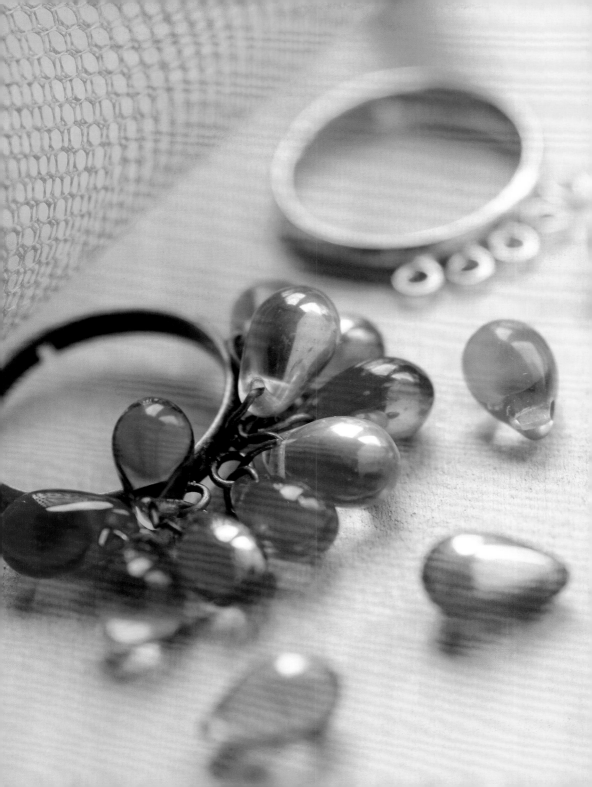

· 夏日项坠 ·

　　用钳子拧开穿有水滴形珠子的挂钩，穿在有小圆孔的铜圈上，再拧紧挂钩。挑选一条与某颗珠子颜色相同的丝带穿入铜圈。

· 水滴项链 ·

　　将3颗固定在挂钩上的水滴形珠子用一条相配的缎带穿起来，转眼间一条迷人的项链就诞生了。

· 珍珠耳环 ·

利用这些做起来非常简单的耳环就可以做到一天换一个色彩：只需要将穿在挂钩上的珠子固定在耳环上即可。

· 彩珠头绳 ·

准备一些带挂钩的水滴形珠子，绑在一条彩色橡皮筋上就可以做成一个漂亮的头绳。

·蒸笼首饰盒·

- ·2个中式蒸笼（直径约15厘米）
- ·日本折纸或丝绸边角料
- ·相配的饰带（宽5毫米）
- ·双面胶
- ·布艺用胶（如热熔胶）

　　根据蒸笼的周长裁一些纸带或布条，注意要留出1厘米作接头。将纸带或布条缠绕在蒸笼外壁并用双面胶在接头处粘好。将饰带用布艺胶粘在纸带或布条上下封边。

155

168

纯黑诱惑篇

· 中国剪影 ·

- · 灯罩
- · 黑色薄棉纸
- · 胶粘剂
- · 细刷子
- · 白色画笔

把本书第317页上的图样复制到纸上，并将其一一剪下，然后把剪下的图样反着放在黑色薄棉纸上，再用白色画笔描出轮廓。把薄棉纸上的图案剪下，放在一张纸上，背面涂满胶。在灯罩上排列图案，用手指把图案贴上。再涂一次胶。可以通过图案不同的叠放方式制造各异的透视效果。

· 石头胸针 ·

· 黑色铜线
· 若干黑色小珠子
· 若干压珠
· 1枚胸针别针

　　用长约50厘米的黑色铜线把珠子穿起来，两端再各穿入一颗压珠作结，并留出1.5厘米长的线头。把铜线弯成一朵花或者三叶草的形状，然后把两端塞进别针里，拧紧固定。

157

· 缎坠 ·

用前面做"石头胸针"的方法做2个不同大小的连环铜线珠圈（铜线两端用一颗压珠连接就行了），然后在较大的珠圈上系一根精致的黑色缎带。

用穿满珠子的铜线围一个直径6厘米的圆圈，把两头拧在一起，接1副耳环支架。再把圆圈扭成"8"字形。

· 晚宴耳环 ·

158

· 缀天鹅绒圆片小背心 ·

· 棉纱女士背心
· 几块彩色的天鹅绒布
· 30厘米长无纺布双面胶
· 圆规或直径为20毫米、35毫米和50毫米的圆形打洞钳
· 硫酸纸

　　把无纺布双面胶用熨斗牢牢粘在天鹅绒的背面，然后在双面胶的保护膜上画一些直径为20毫米、35毫米和50毫米的圆圈。将圆圈剪好后，揭掉保护膜，贴在衣服上。再用熨斗将圆片牢牢粘在衣服上。熨烫时，记得在熨斗和布之间隔一层硫酸纸以免熨坏衣服。

160

· 节日耳环 ·

- · 1对细环
- · 若干颗黑色多面珠和圆珠
- · 若干压珠
- · 钳子

　　将珠子等距离一个个穿在细环上，也可3个一组，并用压珠固定在相应的位置上。当然也可以在环上穿满珠子，若是这样，最好使用比较小的珠子。

· "装饰艺术" 相架 ·

- 长方形灰色厚纸板
- 浅灰色珠光纸
- 2张深灰色珠光纸
- 胶水
- 美工刀
- 订书机
- 壁钩

平放式样：把浅灰色珠光纸粘在厚纸板上，剪下11厘米宽、24厘米长的一块。在桌角摩擦一张深灰色珠光纸，使它变软，但不要将它磨断，使它能卷成弧形即可。再剪出一个边长19厘米的正方形，并把它卷成筒状。把相接的两边订起来。用同样的方法处理第二张深色珠光纸。在厚纸板上压平被订起来的那一面，然后把两个纸筒一个接一个牢牢粘在厚纸板上。现在就可以放张照片进去啦！

壁挂式样：在厚纸板的两侧分别粘两个纸筒。把照片放到两个纸筒中间。在厚纸板背面粘一个壁钩挂到墙上。

162

· 宝宝风胸针 ·

· 1枚搭配短褶裙的大头针、婴儿别针
· 24颗珠子（有棱角的黑珠子和"杰奎琳·肯尼迪"圆珠子）
· 2片黑色鸡翎
· 尼龙线
· 压珠
· 钳子

　　在大头针上系一根十几厘米长的尼龙线，然后把6颗珠子大小错落穿起来。把尼龙线绕过最后一颗珠子，在它和前一颗珠子中间打一个结，就可以把穿上的珠子固定住。剩下的线再穿过最后一颗珠子，再用一颗压珠固定。此程序再重复三次，并在中间的两串珠串上用压珠各固定一根羽毛。

163

·袖子变手袋·

· 1只男士衬衫的袖子
· 长45厘米、宽10毫米的皮质手柄
· 2个大挂钩
· 2颗铆钉
· 易粘的或带背胶的小亮片

　　从袖口算起，剪出42厘米长的袖子。把不是袖口的那边缝起来作为手提袋的底部。在距离手提袋底部28厘米处，两侧袖褶上各缝一个挂钩。

　　把皮质手柄的一端穿过挂钩并用铆钉固定。另一端同理。然后再把袖口折到手提袋前面，最后在手提袋上粘一些小亮片。

·贝壳项链·

· 1只大贝壳、6只小贝壳
· 黑色模型颜料
· 黑色铜线
· 细刷

漫步沙滩的乐趣：收集那些有自然形成的洞眼的贝壳！用刷子把贝壳涂黑。待晾干后，用黑色铜线把贝壳穿起来，最大的一只居中，左右各3只小贝壳。按自己想要的长度剪下铜线，每端折一个弯钩，佩戴时只需将2个弯钩钩在一起即可。

165

·收腰羊毛衫·

· 1件宽大的羊毛开衫
· 淡粉色、绿色、蓝色的细毛线

在开衫的左右两侧和背部，分别用别针别出褶皱，每个褶皱长15厘米，间隔4厘米，然后试穿一下，看看是否合身。最后用不同颜色的线将褶皱缝上（为吸引眼球,褶皱两端可多缝几针）。

·时尚手链·

- 尼龙线
- 黑色的小珠子
- 圆亮片
- 椭圆光片
- 压珠
- 1个项链搭扣

　　按一个手镯的长度（约15厘米）剪一根尼龙线。将线的一端穿在搭扣其中的一个圆环中，用一颗压珠固定。把准备好的各种亮片与夹在小珠子中间的亮片交替穿起来，用压珠固定，搭配方式随意。最后把尼龙线穿入搭扣的另一个圆环，用压珠固定。

167

·羽毛画框·

- 正方形的画框
- 黑色羽毛饰带
- 黑色油漆
- 布胶
- 刷子

　　给画框涂两层黑漆，一层干了再涂另一层。根据画框尺寸剪4条羽毛饰带。每条带子背面涂满布胶，牢牢粘在画框4个边上，晾干。

·金属灵感·

· 黑色天鹅绒带子
· 9个氧化的铜环（大、中、小号各3个）
· 6个配套的开口细环（大、小各3个）
· 30多颗黑色珠子
· 钳子

　　将3个大号铜环系在天鹅绒带子中部，每个铜环间隔3厘米。在大的细环上穿五六颗黑色珠子，然后用它把大号铜环和中号铜环连在一起，再用钳子将接口拧死。同理，在小的细环上穿三四颗珠子，再用它把中号铜环和小号铜环连起来。留出够长的天鹅绒带子，以便佩戴时方便系。

图样

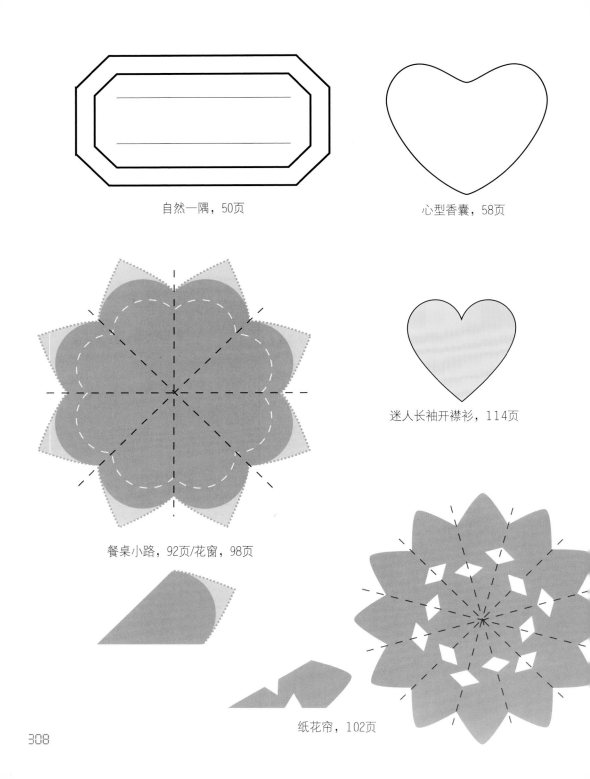

自然一隅，50页

心型香囊，58页

迷人长袖开襟衫，114页

餐桌小路，92页/花窗，98页

纸花帘，102页

装饰墙，96页

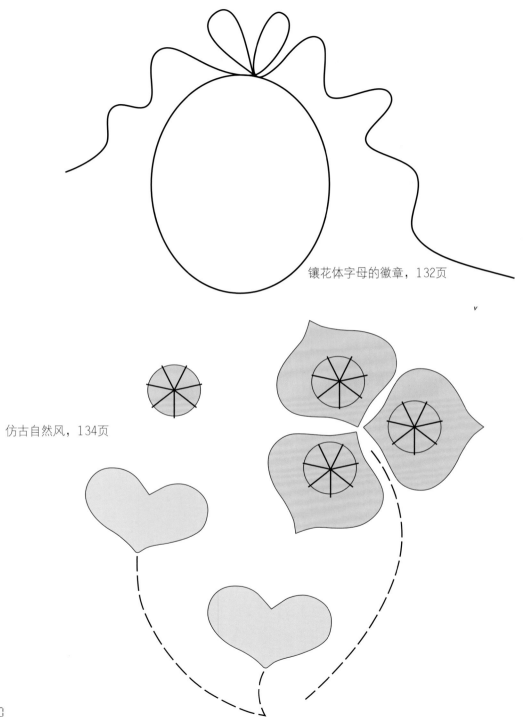

镶花体字母的徽章，132页

仿古自然风，134页

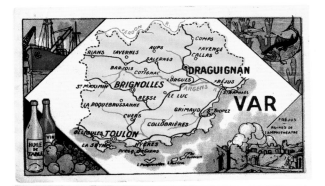

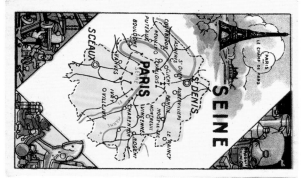

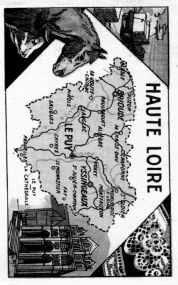

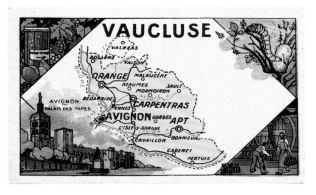

"此处彼处"包，144页

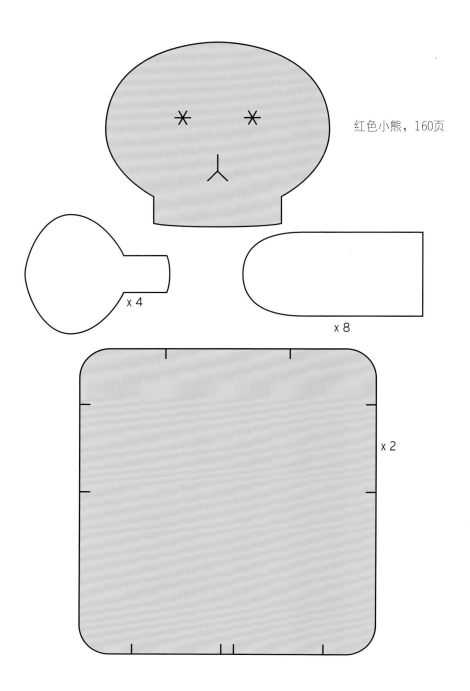

红色小熊，160页

x 4

x 8

x 2

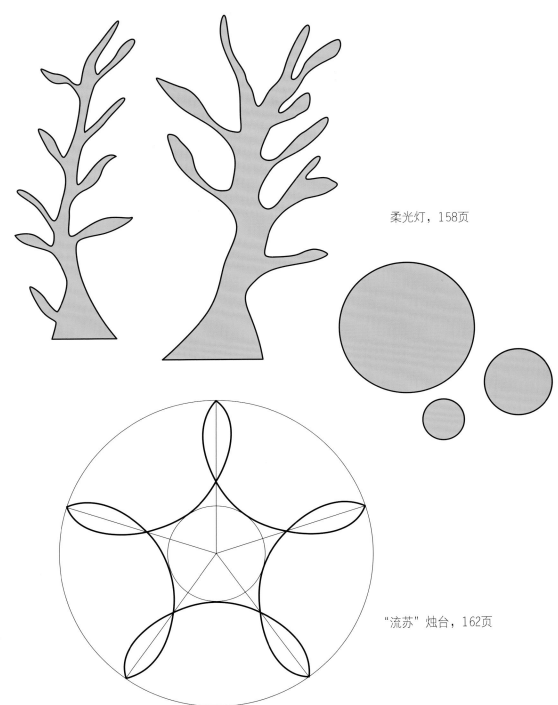

柔光灯，158页

"流苏"烛台，162页

制作时放大到 250 %

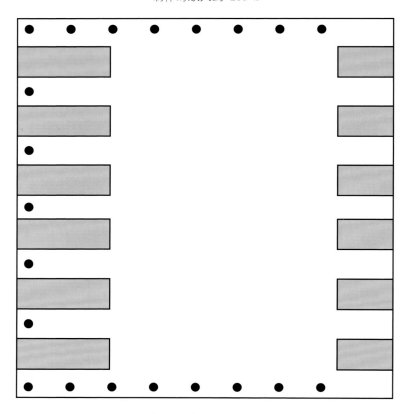

红色酒瓶套，166页

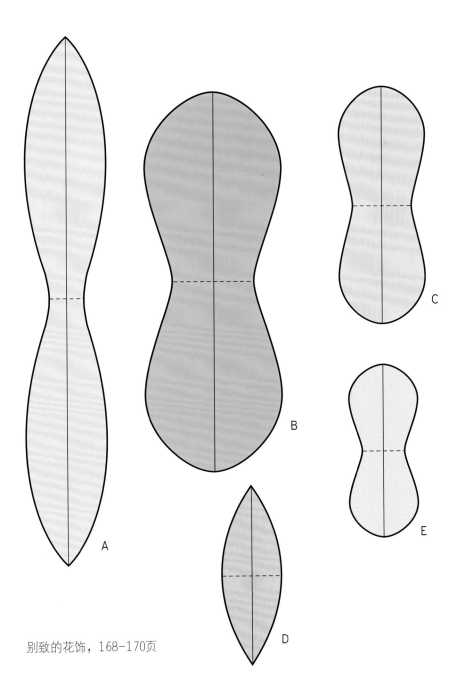

A

B

C

D

E

别致的花饰，168-170页

穿衣服的杯子，214页

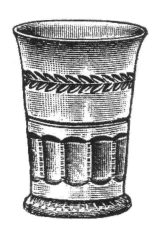

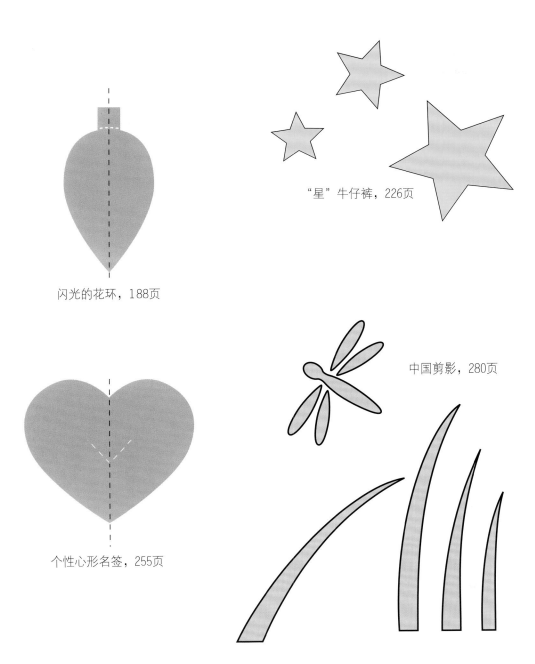

闪光的花环，188页

"星"牛仔裤，226页

中国剪影，280页

个性心形名签，255页

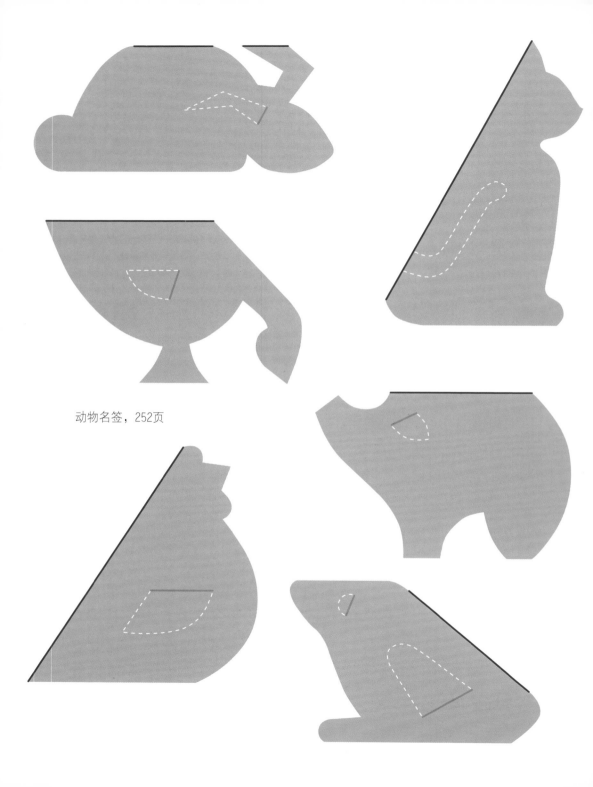

动物名签，252页

巴黎风情贝雷帽，236页

I PARIS

b=下部
h=上部
g=左边
d=右边